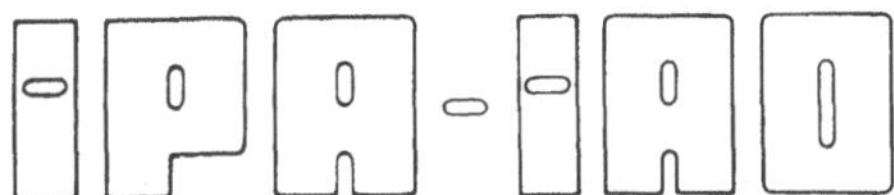

Forschung und Praxis

Band 143

Berichte aus dem
Fraunhofer-Institut für Produktionstechnik
und Automatisierung (IPA), Stuttgart,
Fraunhofer-Institut für Arbeitswirtschaft
und Organisation (IAO), Stuttgart, und
Institut für Industrielle Fertigung und
Fabrikbetrieb der Universität Stuttgart

Herausgeber: H. J. Warnecke und H.-J. Bullinger

Andreas J. Ness

Eine Systemarchitektur für die Gestaltung und das Management verteilter Informationssysteme

Mit 62 Abbildungen

Springer-Verlag Berlin Heidelberg GmbH 1990

Dipl.-Ing. Andreas J. Ness, M.S.

Fraunhofer-Institut für Arbeitswirtschaft und Organisation (IAO), Stuttgart

Prof. Dr.-Ing. Dr. h. c. Dr.-Ing. E.h H. J. Warnecke

o. Professor an der Universität Stuttgart
Fraunhofer-Institut für Produktionstechnik und Automatisierung (IPA), Stuttgart

Prof. Dr.-Ing. habil. H.-J. Bullinger

o. Professor an der Universität Stuttgart
Fraunhofer-Institut für Arbeitswirtschaft und Organisation (IAO), Stuttgart

D 93

ISBN 978-3-540-52224-9   ISBN 978-3-662-06847-2 (eBook)
DOI 10.1007/978-3-662-06847-2

Die Wiedergabe von Gebrauchsnamen, Handelsnamen, Warenbezeichnungen usw. in diesem Werk berechtigt auch ohne besondere Kennzeichnung nicht zu der Annahme, daß solche Namen im Sinne der Warenzeichen- und Markenschutz-Gesetzgebung als frei zu betrachten wären und daher von jedermann benutzt werden dürften.

Sollte in diesem Werk direkt oder indirekt auf Gesetze, Vorschriften oder Richtlinien (z.B. DIN, VDI, VDE) Bezug genommen oder aus ihnen zitiert worden sein, so kann der Verlag keine Gewähr für Richtigkeit, Vollständigkeit oder Aktualität übernehmen. Es empfiehlt sich, gegebenenfalls für die eigenen Arbeiten die vollständigen Vorschriften oder Richtlinien in der jeweils gültigen Fassung hinzuzuziehen.

Gesamtherstellung: Copydruck GmbH, Heimsheim
2362/3020—543210

Geleitwort der Herausgeber

Futuristische Bilder werden heute entworfen:

o Roboter bauen Roboter,

o Breitbandinformationssysteme transferieren riesige Datenmengen in
  Sekunden um die ganze Welt.

Von der "menschenleeren Fabrik" wird da gesprochen und vom "papierlo-
sen Büro". Wörtlich genommen muß man beides als Utopie bezeichnen,
aber der Entwicklungstrend geht sicher zur "automatischen Fertigung"
und zum "rechnerunterstützten Büro". Forschung bedarf der Perspektive,
Forschung benötigt aber auch die Rückkopplung zur Praxis - insbesondere im Bereich der Produktionstechnik und der Arbeitswissenschaft.

Für eine Industriegesellschaft hat die Produktionstechnik eine Schlüs-
selstellung. Mechanisierung und Automatisierung haben es uns in den
letzten Jahren erlaubt, die Produktivität unserer Wirtschaft ständig
zu verbessern. In der Vergangenheit stand dabei die Leistungssteigerung
einzelner Maschinen und Verfahren im Vordergrund. Heute wissen wir, daß
wir das Zusammenspiel der verschiedenen Unternehmensbereiche stärker
beachten müssen. In der Fertigung selbst konzipieren wir flexible Fer-
tigungssysteme, die viele verkettete Einzelmaschinen beinhalten. Dort,
wo es Produkt und Produktionsprogramm zulassen, denken wir intensiv
über die Verknüpfung von Konstruktion, Arbeitsvorbereitung, Fertigung
und Qualitätskontrolle nach. Rechnerunterstützte Informationssysteme
helfen dabei und sollen zum CIM (Computer Integrated Manufacturing)
führen und CAD (Computer Aided Design) und CAM (Computer Aided Manufacturing) vereinen. Auch die Büroarbeit wird neu durchdacht und mit
Hilfe vernetzter Computersysteme teilweise automatisiert und mit den
anderen Unternehmensfunktionen verbunden. Information ist zu einem
Produktionsfaktor geworden, und die Art und Weise, wie man damit umgeht,
wird mit über den Unternehmenserfolg entscheiden.

Der Erfolg in unseren Unternehmen hängt auch in der Zukunft entscheidend von den dort arbeitenden Menschen ab. Rationalisierung und Automatisierung müssen deshalb im Zusammenhang mit Fragen der Arbeitsgestaltung betrieben werden, unter Berücksichtigung der Bedürfnisse der Mitarbeiter und unter Beachtung der erforderlichen Qualifikationen. Investitionen in Maschinen und Anlagen müssen deshalb in der Produktion wie
im Büro durch Investitionen in die Qualifikation der Mitarbeiter be-
gleitet werden. Bereits im Planungsstadium müssen Technik, Organisation
und Soziales integrativ betrachtet und mit gleichrangigen Gestaltungszielen belegt werden.

Von wissenschaftlicher Seite muß dieses Bemühen durch die Entwicklung
von Methoden und Vorgehensweisen zur systematischen Analyse und Verbesserung des Systems Produktionsbetrieb einschließlich der erforderlichen Dienstleistungsfunktionen unterstützt werden. Die Ingenieure
sind hier gefordert, in enger Zusammenarbeit mit anderen Disziplinen,
z. B. der Informatik, der Wirtschaftswissenschaften und der Arbeitswissenschaft, Lösungen zu erarbeiten, die den veränderten Randbedingungen
Rechnung tragen.

Beispielhaft sei hier an den großen Bereich der Informationsverarbeitung im Betrieb erinnert, der von der Angebotserstellung über Konstruktion und Arbeitsvorbereitung, bis hin zur Fertigungssteuerung und Qualitätskontrolle reicht. Beim Materialfluß geht es um die richtige Aus-

wahl und den Einsatz von Fördermitteln sowie Anordnung und Ausstattung
von Lagern. Große Aufmerksamkeit wird in nächster Zukunft auch der
weiteren Automatisierung der Handhabung von Werkstücken und Werkzeugen sowie der Montage von Produkten geschenkt werden.

Von der Forschung muß in diesem Zusammenhang ein Beitrag zum Einsatz
fortschrittlicher intelligenter Computersysteme erfolgen. Planungs-
prozesse müssen durch Softwaresysteme unterstützt und Arbeitsbedingungen wissenschaftlich analysiert und neu gestaltet werden.

Die von den Herausgebern geleiteten Institute, das

- Institut für Industrielle Fertigung und Fabrikbetrieb der Universität
  Stuttgart (IFF),

- Fraunhofer-Institut für Produktionstechnik und Automatisierung (IPA),

- Fraunhofer-Institut für Arbeitswirtschaft und Organisation (IAO)

arbeiten in grundlegender und angewandter Forschung intensiv an den
oben aufgezeigten Entwicklungen mit. Die Ausstattung der Labors und
die Qualifikation der Mitarbeiter haben bereits in der Vergangenheit
zu Forschungsergebnissen geführt, die für die Praxis von großem
Wert waren. Zur Umsetzung gewonnener Erkenntnisse wird die Schriftenreihe "IPA-IAO - Forschung und Praxis" herausgegeben. Der vorliegende
Band setzt diese Reihe fort. Eine Übersicht über bisher erschienene
Titel wird am Schluß dieses Buches gegeben.

Dem Verfasser sei für die geleistete Arbeit gedankt, dem Springer-
Verlag für die Aufnahme dieser Schriftenreihe in seine Angebotspa-
lette und der Druckerei für saubere und zügige Ausführung. Möge das
Buch von der Fachwelt gut aufgenommen werden.

                              H. J. Warnecke · H.-J. Bullinger

VORWORT

Die vorliegende Arbeit entstand während meiner Tätigkeit als wissenschaftlicher Mitarbeiter in der Forschungsgruppe "Verteilte Informationssysteme" am Fraunhofer-Institut für Arbeitswirtschaft und Organisation (IAO) in Stuttgart. Sie wurde von der Kommission der Europäischen Gemeinschaften im Rahmen des ESPRIT-Projekts "Construction and Management of Distributed Open Systems (COMANDOS)" gefördert.

Herrn Prof. Dr.-Ing. habil. H.-J. Bullinger, Inhaber des Lehrstuhls für Arbeitswissenschaft an der Universität Stuttgart und Direktor des Fraunhofer-Instituts für Arbeitswirtschaft und Organisation (IAO), danke ich herzlich für seine wohlwollende Unterstützung und Förderung dieser Arbeit.

Herrn Prof. Dr.-Ing. A. Storr, Leiter der Abteilung Prozeßrechentechnik am Institut für Steuerungstechnik der Werkzeugmaschinen an der Universität Stuttgart, danke ich für die Übernahme des Mitberichts, seine eingehende Durchsicht der Arbeit und die sich daraus ergebenden Verbesserungsvorschläge.

Allen Kollegen im Institut, die mir durch kritische Diskussion und Anregungen bei der Erarbeitung dieser Dissertation geholfen haben, danke ich herzlich. Mein besonderer Dank gilt Herrn Dr. rer. pol. J. Niemeier, Herrn Dr.-Ing. P. Kern und Herrn Dipl.-Inform. F. Reim.

Stellvertretend für die vielen Kollegen im COMANDOS-Projekt danke ich Herrn Dr. R. Balter, Leiter des Centre de Recherche Bull in Grenoble und Herrn Dr. C. Horn, Leiter der Distributed Systems Group am Trinity College der Universität Dublin, für die gute und freundschaftliche Zusammenarbeit. Ich habe während dieser Zeit viel über verteilte Rechnersysteme und über Europa gelernt.

Bei meiner Frau Marion möchte ich mich sehr herzlich für ihre Unterstützung, ihren Rat und Ihre Geduld während meines Dissertationsvorhabens bedanken.

Stuttgart, im November 1989   Andreas Ness

INHALTSVERZEICHNIS

Verzeichnis der verwendeten Größen und Abkürzungen

Zeichen	Einheit	Bedeutung
a		Autoregressionsparameter der Variablen in einem Zeitreihenmodell
ANSA		Advanced Networked Systems Architecture
b		Parameter des gleitenden Mittelwerts in einem Zeitreihenmodell
biod		Block Input Output Daemon
B		Benutzer bzw. Benutzereintrag auf einem Rechner
BMFT		Der Bundesminister für Forschung und Technologie
c	1/h	Aufrufanzahl pro Stunde eines Anwendungsprogramms
CAD		Computer-Aided Design
CAM		Computer-Aided Manufacturing
CAP		Computer-Aided Planning
CAQ		Computer-Aided Quality Assurance
CIB		Computer-Integrated Business
CIM		Computer-Integrated Manufacturing
CPU		Central Processing Unit
CSF		Critical Success Factors
d		Autoregressionsparameter des Rauschens in einem Zeitreihenmodell
d	%	Belegungsgrad einer Plattenpartition
D		Domäne
DASE		Distributed Applications Services Environment
DEC		Digital Equipment Corporation
DFG		Deutsche Forschungsgemeinschaft
e		Modellfehler bei der Parameterschätzung
ECMA		European Computer Manufacturers Association
EDV		Elektronische Datenverarbeitung
FDOA		Framework for Distributed Office Applications
FPU		Floating Point Unit
I		Identitätsmatrix
IDC		International Data Corporation
IIDN		Independently and identically distributed in a normal distribution

IS		Informationssystem
ISMOD		Information System Model and Architecture
ISO		International Organization for Standardization
KSA		Kommunikations-Struktur-Analyse
l	s/d	tägliche Benutzeraktivität in CPU-Sekunden pro Tag
LOOPS		Lisp-Based Object-Oriented Programming System
MAP		Manufacturing Automation Protocol
MB		Mega Byte
MIS		Management Information System
ML		Maximum Likelihood
MMS		Mensch-Maschine-System
MOSAIK		Modulares organisationsbezogenes System zur Analyse und Implementierung von Kommunikationstechnik
n	1/h	Aufrufe des verteilten Dateisystems pro Stunde
NFS		Network File System
nfsd		Network File System Daemon
OFFIS		Office Information Specification
OSI		Open Systems Interconnection
P		Plattenpartition
P		Kovarianzmatrix der Parameter bei der Parameterschätzung
PLAKOM		Planungsverfahren zur Erarbeitung von Kommunikationskonzepten
PPS		Produktionsplanung und -steuerung
R		Rechner
RK		Rechnerklasse
RML		Requirements Modeling Language
S		Speicherplatte eines Rechners
SADT		Structured Analysis and Design Technique
SAST		Stakeholders Analysis and Assumption Surfacing Technique
SBAP		Systembeobachtung Abfrageprotokoll
SBBP		Systembeobachtung Berichtsprotokoll
SBMP		Systembeobachtung Managementprotokoll
SCC		System Control Center
SICONFEX		Siemens Configuration Expert

SIGDSM	Special Interest Group in Distributed Systems Management
SMAE	System Management Application Entity
SMAP	Systemmodifikation Auftragsprotokoll
SMMP	Systemmodifikation Managementprotokoll
SOC	System Observation Center
soc_coll	Kollektor- und Speicherkomponente eines System-beobachtungszentrums
soc_statrep	Statisikberichtskomponente eines System-beobachtungszentrums
ST	States/Transitions
TODOS	Automatic Tools for Designing Office Systems
TOP	Technical and Office Protocols
u	Eingangsgröße (Input) eines Dynamikmodells
UC	Universe of Discourse/Couplings
v	Stochastischer Prozeß, Rauschen in einem Dynamikmodell
VDI	Verein Deutscher Ingenieure
XCON	Expert Configurer
XSEL	Expert Seller
y	Ausgang (Output) eines Dynamikmodells
z^{-1}	Rechtsverschiebungsoperator in einem Zeitreihenmodell
γ	Korrektionsvektor bei der Parameterschätzung
$\underline{\theta}$	Parametervektor bei der Schätzung des Dynamikmodells
λ	exponentieller Vergeßfaktor bei der Parameterschätzung
μ	Skalar im Korrektionsvektor bei der Parameter-schätzung
σ_e^2	Varianz der Modellfehler (Parameterschätzung)
$\underline{\phi}$	Vektor der gefilterten Signale bei der Maximum-Likelihood-Parameterschätzung
$\underline{\psi}$	Datenvektor bei der Parameterschätzung

Indizes:

c	Client (bei Aufrufen des verteilten Dateisystems)
i	Benutzer $(1,...,n)$
j	Rechner $(1,...,m)$
g	Anwendungsprogramm $(1,...,r)$
h	Partition einer Speicherplatte $(1,...,t)$
k	Zeitpunkt
s	Server (bei Aufrufen des verteilten Dateisystems)
A	Anwendungsprogramm
B	Benutzer
R	Rechner

1 EINLEITUNG

Industrieunternehmen haben innerhalb ihrer Aufbauorganisation eine funktionale Gliederung, z.B. mit den Funktionen Beschaffung, Technik, Produktion, Absatz und Verwaltung, und verfügen über funktionsbezogene Informationssysteme (vgl. SCHEER /131/). Um die Wettbewerbsfähigkeit durch Verkürzung der Durchlaufzeiten von Aufträgen und Vermeidung von Fehlern, Mehrfacharbeit und Mehrfachdatenhaltung zu erhöhen, wird versucht, eine ablauforganisatorische Verknüpfung der Informationsverarbeitung aller an der Leistungserstellung beteiligten Funktionsbereiche zu erreichen. Hierzu müssen die häufig getrennt entwickelten und zum Teil inkompatiblen funktionsbezogenen Informationssysteme miteinander verknüpft und funktional integriert werden.

Die so entstehenden verteilten Informationssysteme bestehen aus örtlich und organisatorisch verteilten Subsystemen, die "lose" miteinander gekoppelt sind und über eine partielle lokale Autonomie verfügen. Technisch können sie mit kommunizierenden Programmen in Rechnern, die in einem Netzwerk verbunden sind, realisiert werden. Hierzu sind jedoch noch weitere Arbeiten auf den Gebieten der verteilten Betriebssysteme, der verteilten Datenverwaltungssysteme und der Kommunikation in Rechnersystemen erforderlich (vgl. HORN et al. /59/).

Für den erfolgreichen Einsatz verteilter Informationssysteme zur funktionsübergreifenden, integrierten betrieblichen Informationsverarbeitung ist neben der Verfügbarkeit der Systemkomponenten eine aufgabengerechte technisch-organisatorische Gestaltung und die Möglichkeit zur Weiterentwicklung und Anpassung verteilter Informationssysteme erforderlich (vgl. BULLINGER, FÄHNRICH, NIEMEIER /19/).

Das Ziel dieser Arbeit ist daher, eine Systemarchitektur für Werkzeuge zur Gestaltung und zum Management verteilter Informationssysteme zu entwickeln und zu erproben, mit deren Hilfe die aufgabengerechte Gestaltung, Weiterentwicklung und Anpassung verteilter Informationssysteme möglich ist. Die Systemarchitektur wird zunächst definiert, die Werkzeuge werden als Rechnerprogramme entworfen und implementiert, um anschließend in einer Forschungs- und Entwicklungsabteilung prototypisch erprobt zu werden.

2 PROBLEMSTELLUNG, ZIELSETZUNG UND VORGEHENSWEISE

Die Einführung rechnerunterstützter Informationssysteme in Unternehmen erfordert die Gestaltung bzw. die Veränderung ganzer sozio-technischer Systeme (zum Begriff sozio-technische Systeme siehe GROCHLA /45/). Die dabei zu lösenden theoretischen Probleme bleiben daher nicht länger auf den traditionellen Objektbereich der Theorie der Strukturgestaltung beschränkt. Dem Entscheidungs- und Problemlösungsprozeß, innerhalb dessen diese Strukturen zu finden sind, wird aktuell in zunehmendem Maße Aufmerksamkeit in der Forschung gewidmet (vgl. MARTIN, ULICH, WARNECKE /97/). Wesentliche Ansatzpunkte liefern organisationstheoretische, kybernetische und arbeitswissenschaftliche Ansätze.

Während "klassische" Automatisierungsmaßnahmen die maschinelle Verrichtung einzelner Tätigkeiten verfolgten, konzentrieren sich "moderne" Automatisierungsmaßnahmen auf die rechnergestützte Abwicklung ganzer Tätigkeitsbereiche im Sinne einer computerintegrierten Fertigung (CIM). Ermöglicht wird dies durch ständig leistungsfähigere Rechner und Programme für die produktorientierte Anwendung in Konstruktion (CAD), Arbeitsvorbereitung (CAP), Fertigung (CAM) und Qualitätswesen (CAQ) sowie die auftragsorientierte Anwendung in der Produktionsplanung und -steuerung (PPS) (vgl. SCHULZ /136/). Das Zusammenwirken der hierfür eingesetzten Programme über organisatorische und örtliche Trennung hinweg erfordert die Verwendung verteilter Informationssysteme und ein konzeptionell verankertes Gesamtkonzept für deren Gestaltung und Einsatz. Besondere Aufmerksamkeit muß der Veränderung und Anpassung verteilter Informationssysteme als Aufgabe ihres Managements gewidmet werden.

Die Zielsetzung dieser Arbeit ist es, eine Systemarchitektur für Werkzeuge zur Gestaltung und zum Management verteilter Informationssysteme im technischen Büro zu entwickeln und zu erproben. Sie definiert die Art der notwendigen Gestaltungs- und Managementwerkzeuge und legt ihr Zusammenwirken untereinander und mit dem verteilten Informationssystem fest.

Bild 1 zeigt die aus der Zielsetzung abgeleiteten Teilziele und die daraus resultierende Vorgehensweise in der vorliegenden Arbeit.

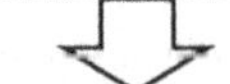

Anforderungen an die Gestaltung und das Management verteilter Informationssysteme (Kap. 3)

- Bedeutung verteilter Informationssysteme
- Anforderungen aus der Aufgabenstellung des technischen Büros
- Anforderungen aus der Struktur und Funktion eines verteilten Informationssystems
- Ableitung von Prämissen

Stand der Forschung (Kap. 4)

- Vorgehensorientierte Ansätze zur Gestaltung von Informationssystemen
- Rechnergestützte Gestaltungswerkzeuge für Informationssysteme
- Standardisierung auf dem Gebiet des Managements verteilter Systeme

Adaptiver Gestaltungsansatz (Kap. 5)

- Charakteristische Eigenschaften und Grundfunktionen
- Beurteilung und Auswahl der Grundformen im Hinblick auf die Anforderungen an Gestaltung und Management

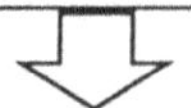

Konzeption einer Systemarchitektur zur adaptiven Gestaltung verteilter Informationssysteme (Kap. 6)

Funktionen, Modellelemente, Mensch-Maschine-System

Hierarchische Aufgaben- und Werkzeugstruktur

- Operationsprinzip und Vorgehensweise
- Modell- und Werkzeugstruktur
- Funktion und Aufbau der Gestaltungs- und Managementwerkzeuge
- Realisierung der Identifikations-, Entscheidungs-, Modifikationsfunktion

Gestaltung und Management eines Netzwerk-Dateisystems für Anwendungen im technischen Büro (Kap. 7)

- Anwendung des adaptiven Ansatzes
- Realisierung und Erprobung der Systemarchitektur
- Übertragbarkeit der Systemarchitektur

Bild 1:   Teilziele und Vorgehensweise in der vorliegenden Arbeit

Zunächst müssen die Anforderungen an die Gestaltung und das Management verteilter Informationssysteme ermittelt werden, die sich aus der Anwendung in technischen Büros und aus der Struktur verteilter Informationssysteme ergeben. Aus diesen Anforderungen müssen Prämissen abgeleitet werden, die einem Gestaltungs- und Managementansatz zugrundezulegen sind (Kapitel 3). Vor diesem Hintergrund müssen der Stand der Forschung bei vorgehensorientierten Ansätzen zur Gestaltung von Informationssystemen und rechnerunterstützten Gestaltungswerkzeugen für Informationssysteme sowie die Standardisierung auf dem Gebiet des Managements verteilter Informationssysteme untersucht werden, um ihre Defizite zu ermitteln (Kapitel 4).

Bevor die Systemarchitektur der Gestaltungs- und Managementwerkzeuge definiert werden kann, muß zunächst ein geeigneter Gestaltungs- und Managementansatz erarbeitet werden, der den aus den Anforderungen abzuleitenden Prämissen gerecht wird (Kapitel 5). Aufbauend auf diesem Ansatz kann die Systemarchitektur entwickelt werden (Kapitel 6). Die Werkzeuge sind selbst Bestandteile des verteilten Informationssystems. Mit ihrer Hilfe müssen gestaltungs- und managementrelevante Informationen im verteilten Informationssystem gemessen, Gestaltungsentscheidungen erarbeitet und diese durch Veränderung des Informationssystems realisiert werden können.

Um die Systemarchitektur erproben und bewerten zu können, muß der in dieser Arbeit formulierte Gestaltungs- und Managementansatz auf ein wesentliches Teilproblem der Gestaltung verteilter Informationssysteme angewandt werden und müssen die hierzu erforderlichen Werkzeuge entsprechend der Systemarchitektur realisiert, konfiguriert und eingesetzt werden (Kapitel 7).

3 ANFORDERUNGEN AN DIE GESTALTUNG UND DAS MANAGEMENT VERTEILTER INFORMATIONSSYSTEME

Eine systematische Aufarbeitung organisationstheoretischer, informationstheoretischer und arbeitswissenschaftlicher Ansätze von NIPPA /115/ zeigt, daß eine konsequente Ableitung und Einordnung der Funktionen des informationsverarbeitenden Bereichs eines Unternehmens fehlt. Theoretische Unternehmensmodelle, aus denen die Funktionen des informationsverarbeitenden Bereichs abgeleitet werden können, sind:

- Modelle, die auf der traditionellen betriebswirtschaftlichen Funktionsgliederung eines Unternehmens aufbauen (vgl. GROCHLA /46/). Das organisatorische Gestaltungsproblem wird hier als Problem einer aufgabengerechten Arbeitsteilung und Koordination verstanden. Hierzu gehört das Konzept Computer Integrated Manufacturing (CIM), bei dem die informationstechnische Verknüpfung betrieblicher Abläufe innerhalb der Funktionsbereiche und die funktionsbereichsübergreifende technische und betriebswirtschaftliche Ablaufverknüpfung betrachtet werden (vgl. SCHEER /132/).

- Modelle, die auf dem Konzept der Wertschöpfungskette aufbauen (vgl. PORTER /125). Wettbewerbsvorteile entstehen diesem Modell folgend aus der Summe der einzelnen Tätigkeiten eines Unternehmens (z.B. Forschung und Entwicklung, Fertigung, Marketing). Die Wertschöpfungskette ist ein analytisches Instrument, um ein Unternehmen in wettbewerbsrelevante Aktivitäten zu gliedern. Sie unterscheiden primäre (direkt in der Wertschöpfungskette befindliche) und unterstützende Tätigkeiten.

- Modelle, die aus den Bedingungen des unternehmerischen Transformationsprozesses systemtheoretisch begründet werden (vgl. KATZ und KAHN /73/). Sie betrachten das Unternehmen als 5 Teilsysteme (Produktions-, Unterstützungs-, Erhaltungs-, Adaptions- und Managementsubsystem), die untereinander teilsystemübergreifend in Beziehung stehen. Hierzu kann das Konzept des Prozeßmanagements gezählt werden, bei dem der informationsverarbeitende Bereich als integraler Bestandteil aller unternehmerischer Tätigkeiten betrachtet wird (vgl. STRIENING /151/).

- Modelle, die auf kontingenztheoretischen Ansätzen (vgl. MINTZBERG /106/, KIESER und KUBICEK /78/) der Informationsverarbeitung aufbauen. Hierzu zählt das Konzept Computer Integrated Business (CIB), bei dem die Gestaltung des Informationssystems situativ von der Unternehmensstrategie unter Berücksichtigung wettbewerbsstrategischer und fertigungstechnischer Randbedingungen abgeleitet wird (vgl. BULLINGER, NIEMEIER, HUBER /20/).

Diese Modelle vermitteln aus unterschiedlichen Perspektiven Ansatzpunkte für eine Einordnung der informationsverarbeitenden Funktionen eines Unternehmens. Mit den im folgenden untersuchten Prozessen der Gestaltung und des Managements verteilter Informationssysteme wird an die Sichtweise der systemtheoretischen Konzeption angeknüpft. Es erscheint zweckmäßig, die Erläuterung der Anforderungen an die Gestaltung und das Management verteilter Informationssysteme mit einer kurzen Darstellung der verwendeten Begriffe zu beginnen.

3.1 Begriffsdefinitionen

Gestaltung wird im weiten Sinn des englischen Begriffs "Design" (vgl. ENCYCLOPEDIA BRITANNICA /34/) verstanden, der Entwurf und Entwicklung eines Plans oder Schemas beinhaltet, sowie die Realisierung, die zum Entwurf und zur Entwicklung des Plans oder Schemas notwendig ist. Die Gestaltung eines verteilten Informationssystems umfaßt die Festlegung der Funktionalität, der Systemkomponenten (Hard- und Software) sowie deren örtliche Verteilung und Kommunikationsbeziehungen. Die Zuordnung der Systemkomponenten zu den Aufgaben und Stellen des Büros geschieht in Abhängigkeit von der organisatorischen Gestaltung des Arbeitssystems im Büro. Diese Gestaltungsaufgabe gehört zur Klasse der schlechtstrukturierten Planungsprobleme (vgl. PAPKE /123/, HIRSCH /56/, LEHMANN et al. /92/). Sie ist somit "schlecht lösbar", d.h. eine exakte Lösung ist unmöglich oder erfordert einen unvertretbaren Aufwand /56/, /123/. Sie ist außerdem "schlecht repräsentierbar" /56/ bzw. "bewertungsdefekt" /123/, d.h. eine quantitative Fassung und die Formulierung einer handhabbaren, eindeutigen Zielfunktion sind nicht vollständig möglich. Aufgrund dieser Eigenschaften werden häufig "akzeptable" anstelle von global optimalen Lösungen gesucht und heuristische Lösungsverfahren eingesetzt /123/.

Management eines verteilten Informationssystems wird hier als Überbegriff von Systemmanagement und Anwendungsmanagement, wie sie im Normentwurf für die Kommunikation offener Systeme (vgl. DIN /26/) definiert sind, verwendet. Management beinhaltet operative Aufgaben, wie Überwachung, Regelung, Steuerung und Nutzungsabrechnung sowie die Weiterentwicklung des Informationssystems (vgl. SLOMAN /145/, LANGSFORD /89/, ISO /69/). Das Ziel des Managements ist, die vom Informationssystembenutzer geforderte Leistung bereitzustellen und gegebenenfalls die Funktionalität eines bestehenden Informationssystems zu erweitern /145/.

Ein rechnerunterstütztes Informationssystem liegt vor, wenn ein Teil der Aufgaben eines Informationssystems von einer Datenverarbeitungsanlage automatisiert ausgeführt wird (vgl. SCHNEIDER /134/). Da es im allgemeinen nicht möglich ist, alle Informationsverarbeitungsaufgaben zu automatisieren und vom Rechner ausführen zu lassen, werden hier rechnerunterstützte Informationssysteme als spezifische Mensch-Maschine-Systeme betrachtet (vgl. PAPKE /123/). Im folgenden wird der Begriff "Informationssystem" im Sinne von "rechnerunterstütztem Informationssystem" verwandt und auf die Datenverarbeitungsanlage eingegrenzt, die in dieser Arbeit im Mittelpunkt der Betrachtung steht. Dieses Informationssystem unterstützt vier Grundfunktionen: Ein-/Ausgabe, Speicherung, Verknüpfung und Übertragung von Information /134/.

Verteilte Informationssysteme bestehen aus mehreren, örtlich verteilten Subsystemen, die jeweils selbst über Ein-/Ausgabe-, Speicher-, Verknüpfungs- und Übertragungsfähigkeit verfügen und untereinander Nachrichten austauschen (vgl. WEDEKIND /165/). Technisch werden sie als im Netzwerk verbundene Rechner einschließlich deren Betriebssystem- und Anwendungssoftware realisiert. Die Verteilung der Speicherfunktion des Informationssystems wird über ein verteiltes Datenmanagement (verteilte Datenbanken oder verteilte Dateisysteme) realisiert. Die Verteilung der Verknüpfungsfunktion wird durch ein verteiltes Betriebssystem oder ein Netzwerkbetriebssystem unterstützt und mit verteilten oder kommunizierenden Anwendungsprogrammen realisiert. Die Übertragungsfunktion wird über das Kommunikationsnetzwerk wahrgenommen. Aufgrund der losen Kopplung verfügen die einzelnen Rechner im verteilten Informationssystem über ein hohes Maß an Autonomie.

Im Rahmen dieser Arbeit werden als Arbeitssysteme, in denen verteilte Informationssysteme eingesetzt werden, nur diejenigen im technischen und administrativen Büro betrachtet. Unter dem Begriff technisches Büro werden die produktionsnahen Bereiche wie Konstruktion, technische Auftragsbearbeitung und Produktionsplanung und -steuerung zusammengefaßt. Nicht zum Büro zählen dagegen die Werkstattbereiche der Produktion, in denen im Echtzeitbetrieb Produktionsanlagen gesteuert werden.

Um Gestaltungs- und Managementaufgaben durchzuführen, werden Methoden, d.h. nach Mitteln und Zweck planmäßige Verfahren, eingesetzt, die von Werkzeugen unterstützt werden. Unter dem Begriff Werkzeug werden hier routinemäßig an-

wendbare Softwareprogramme verstanden, die eine Technik, ein Problemlösungs-
verfahren oder eine Methode ganz oder teilweise automatisieren, aber unabhängig
davon existieren können (vgl. die Definitionen von STAHLKNECHT /149/, HEIN-
RICH und BURGHOLZER /50/, HIRSCHHEIM /49/).

Die Werkzeuge, die Gestaltung und Management verteilter Informationssysteme
unterstützen, und ihre gegenseitigen Abhängigkeiten werden in einer Systemarchitektur festgelegt. Entsprechend der von GILOI /43/ gegebenen Definition für Architektur wird Systemarchitektur folgendermaßen verstanden:

> "Eine Systemarchitektur ist bestimmt durch ein Operationsprinzip und die
> Struktur des Systemaufbaus aus den einzelnen Komponenten. Es steht
> allein der Zweck, die Funktion, im Vordergrund. Um den gewünschten
> Zweck zu erreichen, lassen sich bestimmte Prinzipien formulieren, nach
> denen das System arbeitet" (GILOI /43/).

Das Operationsprinzip definiert das funktionale Verhalten einer Systemarchitektur,
das mit Hilfe einer Informationsstruktur (Variablen, Parameter) und einer Kontroll-
struktur (Funktionen und Relationen) beschrieben wird. Die Struktur einer Systemarchitektur wird durch die Art und ggf. die Anzahl der Komponenten (hier Werkzeuge) sowie die Regeln für die Kommunikation und Kooperation (Schnittstellen)
zwischen ihnen festgelegt. In der vorliegenden Arbeit wird eine objektorientierte
Sichtweise verwendet. Sie ermöglicht einen einheitlichen Rahmen für Daten, Programme und Systemkomponenten und ist daher für systemarchitektonische Über-
legungen gut geeignet (vgl. TSICHRITZIS /156/). Sie wird daher in jüngster Zeit
häufig eingesetzt (vgl. HERBERT und MONK /52/, BEHR et al. /11/, HORN, NESS
und REIM /59/).

3.2 Bedeutung verteilter Informationssysteme

3.2.1 Anwendung verteilter Informationssysteme im technischen Büro

Um den Stand und das Potential für den Einsatz verteilter Informationssysteme
beurteilen zu können, werden empirische Studien zum Einsatz rechnerunterstützter
Techniken und innerbetrieblicher Vernetzung im produzierenden Gewerbe betrachtet.

Bild 2 stellt die Ergebnisse verschiedener Untersuchungen über den Einsatz rechnerunterstützter Techniken in Betrieben der Investitionsgüterindustrie und des
verarbeitenden Gewerbes dar (vgl. NUBER et al. /116/, INFRATEST /64/, KUNTZE,
LAY, WENGEL /88/).

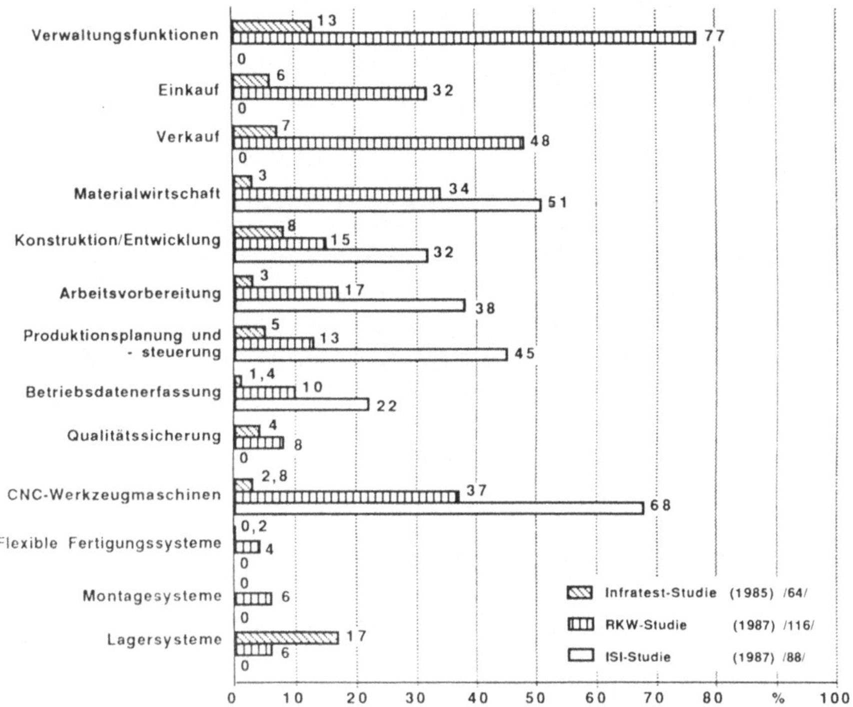

Bild 2: Empirische Untersuchungsergebnisse über den Einsatz rechnerunterstützter Techniken im produzierenden Gewerbe

In der Infratest-Studie wurden 8000 zufällig ausgewählte Betriebe des produzierenden Gewerbes im Jahr 1985 untersucht /64/. In der RKW-Studie wurden 1285 Betriebe der Investitionsgüterindustrie aus einer zufälligen Stichprobe untersucht. Sie wurde 1986-1987 durchgeführt /116/. In der ISI-Studie wurden 286 Unternehmen der Investitionsgüterindustrie, die im Rahmen eines BMFT-Förderprogramms im CAD/CAM-Bereich gefördert wurden, sowie 535 weitere Unternehmen, die antragsberechtigt aber nicht gefördert waren, untersucht /88/.

Die in Bild 2 dargestellten Ergebnisse der Untersuchungen zeigen, daß im Jahr 1987 der Einsatz rechnergestützter Informationssysteme in den produktionsnahen Bürobereichen (Konstruktion/Entwicklung, Arbeitsvorbereitung, Produktionsplanung und -steuerung, Materialwirtschaft) bei circa 30 Prozent beziehungsweise darunter lag. Die ISI-Studie, die nicht auf einer repräsentativen Stichprobe basiert, gibt generell höhere Werte an, bestätigt aber die relativen Größenverhältnisse. Die in der RKW-Studie berichteten Planungszahlen (Anteil der Betriebe, die eine Planung, aber noch keine Realisierung vorliegen haben, in Bild 2 nicht dargestellt) liegen in den produktionsnahen Bürobereichen bei circa 15% (vgl. NUBER et al. /116/) und lassen ein weiteres starkes Anwachsen der Informationssystemdurchdringung erwarten.

Bild 3 zeigt die in der RKW-Studie /89/ ermittelten Untersuchungsergebnisse zur innerbetrieblichen Vernetzung der produktionsnahen Bürobereiche untereinander und mit der Produktion. Es wurde der relative Anteil der Betriebe ermittelt, die eine Vernetzung realisiert bzw. geplant hatten. Die Werte für die Vernetzung liegen um eine Zehnerpotenz unter denen der Informationssystemdurchdringung (vgl. Bild 2). Die niedrigen Istzahlen der Vernetzung und die demgegenüber hohen Planungszahlen (in Bild 3 in Klammern angegeben) lassen für die kommenden Jahre eine steigende informationstechnische Integration erwarten.

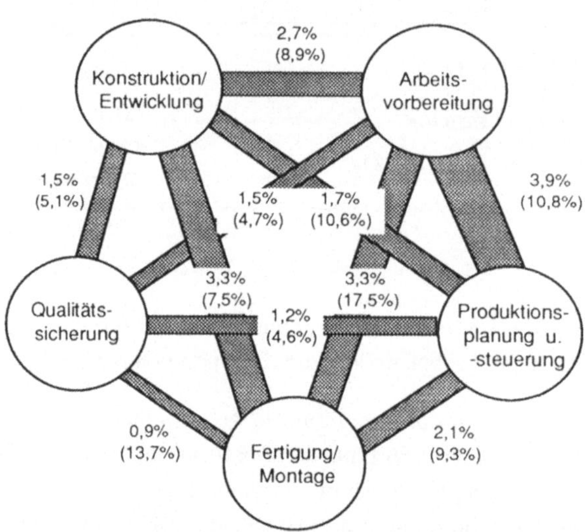

Bild 3:   Empirische Untersuchungsergebnisse über die innerbetriebliche Vernetzung in der Investitionsgüterindustrie /116/

Die Realisierung dieser informationstechnischen Integration über Funktionsbereiche eines Unternehmens hinweg, wie auch die Integration mehrerer Stellen innerhalb eines Funktionsbereichs, kann in der Regel aufgrund von örtlicher Verteilung der betroffenen Stellen, unterschiedlichen Systemanforderungen (z.B. CAD-Arbeitsstation, Betriebsdatenerfassung in Echtzeit, Buchhaltung) und benötigter lokaler Autonomie von Arbeitsstationen nur mit offenen, verteilten Informationssystemen erreicht werden (vgl. WECK, GOEDECKE, REINERMANN und FRIEDRICH /164/ und WARNECKE /162/). Verteilte Informationssysteme müssen bezüglich ihrer Funktionen modular und erweiterbar sein, um an die jeweilige Struktur des Arbeitssystems angepaßt werden zu können.

3.2.2 Technologische Entwicklung bei verteilten Informationssystemen

Im Hinblick auf die technologische Entwicklung bei verteilten Informationssystemen sind Zentralisierung/Dezentralisierung rechnerunterstützter Funktionen und Standardisierung von Informationssystemen von besonderer Bedeutung.

Eine Studie am Massachussetts Institute of Technology weist darauf hin, daß ein Zusammenhang zwischen der Entwicklung der Rechnersysteme und der betrieblichen Organisation besteht (vgl. BARBER /8/). Die Verfügbarkeit der Großrechner in den fünfziger und sechziger Jahren dieses Jahrhunderts förderte neben organisatorischen und betriebswirtschaftlichen Faktoren von der technologischen Seite her die Zentralisierung betrieblicher Funktionen, wie zum Beispiel die zentrale Materialwirtschaft, die zentrale Arbeitsvorbereitung oder die zentrale Textverarbeitung. Durch die Verbesserung des Preis/Leistungsverhältnisses bei mittleren und kleinen Rechnern und der Verfügbarkeit von Rechnernetzwerken ist das Interesse an der Verteilung von Rechnerressourcen zuerst in der Informatik und in der technischen Anwendung gestiegen. Beispiele für die technischen Anwendungen sind die Entwicklungen von verteilten hierarchischen Steuerungen in der Produktion. Die technologische Antriebskraft, die zuerst eine Zentralisierung betrieblicher Funktionen mit unterstützte, förderte nun das Interesse an dezentralisierten Organisationsformen, was zur Rückintegration bisher zentralisierter Verantwortung in die Fachbereiche führt (vgl. EHRHART /31/ zur DV-Kompetenz der Fachbereiche in Produktionsunternehmen). Ein Beispiel für eine solche Rückintegration ist die werkstattorientierte Programmierung von numerisch gesteuerten Werkzeugmaschinen.

Bei den Basiskomponenten verteilter bzw. vernetzter Informationssysteme (Betriebssysteme, Kommunikationsnetzwerke, verteilte Datenmanagementsoftware) ist eine starke Vereinheitlichung durch entstehende de-facto-Standards zu verzeichnen, die kurzfristig die Integrations- und Vernetzungsfähigkeit der Informationssysteme fördert.

- Bei den de-facto-Standards für Betriebssysteme ist Unix™ zu nennen, das mehrbenutzerfähig ist und auf verschiedenen Rechnerarchitekturen eingesetzt wird. Im Zeitraum von 1980 bis 1986 stieg die Anzahl der weltweit installierten Unix-Systeme von 40.000 auf 1,7 Millionen. Im gleichen Zeitraum wuchs der Anteil kommerziell genutzter Unix-Systeme an allen Unix-Systemen von 2% auf 92% (vgl. SKRABUTENAS und YATES /144/).

- Die Standardisierung der Rechnerkommunikation wird durch das Basis-Referenzmodell für die Kommunikation offener Systeme (vgl. DIN /26/), durch die System-Anwendungs-Architektur von IBM /61/, durch den de-facto-Standard für lokale Netzwerke Ethernet /105/ und im industriellen Bereich durch das Manufacturing Automation Protocol (MAP) /146/ und die Technical and Office Protocols (TOP) (vgl. SUPPAN-BOROWKA und SIMON /153/), gefördert. Im Telekommunikationsbereich wird ISDN ein hohes Maß an Vereinheitlichung der Rechnerkommunikation bewirken (vgl. BOCKER /14/).

- Auf dem Gebiet des verteilten Datenmanagements ist das von der Firma SUN entwickelte Network File System (vgl. SUN /152/) ein de-facto-Standard für Netzwerk-Dateisysteme auf Rechnern mit Unix- und MS-DOS-Betriebssystemen geworden (vgl. HOWARD et al. /60/). Es ermöglicht einheitliche Dateizugriffe auf lokale und entfernte Dateien in einem Netzwerk inhomogener Rechner (Hardware und Betriebssysteme).

Langfristig werden verteilte Betriebssysteme, die gegenwärtig entwickelt werden bzw. schon verfügbar sind (z.B. COMANDOS /2/, Amoeba /107/, Mach /71/, Chorus /170/), die Realisierung verteilter Informationssysteme wesentlich erleichtern, da sie Funktionen für die Auffindung entfernter Objekte, für die Kommunikation mit entfernten Objekten und für den Programmablauf auf mehreren Rechnern bereits im Betriebssystem zur Verfügung stellen. Bei bisherigen Systemen müssen diese Funktionen für jeden Spezialfall neu im Anwendungsprogramm implementiert werden.

3.3 Anwendungsorientierte Anforderungen an die Gestaltung und das Management verteilter Informationssysteme

Im folgenden sind die Anforderungen, die aus der Anwendung in einem technischen Büro an die Gestaltung und das Management verteilter Informationssysteme zu stellen sind, als Thesen formuliert.

These: Gestaltung und Management verteilter Informationssysteme müssen sich an den Aufgaben der Arbeitssysteme orientieren.

Die Gestaltung eines Informationssystems orientiert sich in erster Linie an Gestaltungszielen, die bezüglich der Leistungserstellung im Arbeitssystem formuliert sind. Diese sind begrifflich und konzeptionell an den Arbeitsaufgaben orientiert. Um z.B. ein Informationssystem für die rechnerunterstützte Konstruktion von hydraulischen Turbinen zu gestalten, ist detailliertes Wissen über die Abläufe, Probleme und Lösungswege dieses Aufgabengebiets erforderlich.

These: Die wechselseitige Abhängigkeit der Gestaltung verteilter Informationssysteme mit der der Arbeitssysteme muß berücksichtigt werden.

Teile der betrieblichen Abläufe sollen mit Hilfe von Informationssystemen unterstützt bzw. automatisiert werden. Ihre Gestaltung ist daher abhängig von den betrieblichen Abläufen und der Aufbauorganisation. Es muß davon ausgegangen werden, daß sich das Leistungspotential eines Informationssystems vom menschlichen Leistungspotential unterscheidet und andere Arbeitsabläufe möglich macht (vgl. hierzu auch BEHR und KÖHLER /12/). Numerische Rechenleistung kann zur Simulation oder iterativen Berechnung eingesetzt werden, was insbesondere bei technischen Auslegungen und bei der Konstruktion sinnvoll ist. Andere Arbeitsabläufe entstehen zum Beispiel dadurch, daß bei der Verwendung von Informationssystemen viele formale Richtigkeitsprüfungen und mehrmalige Datenerfassungen vermieden werden können. Sobald die Büroarbeiter das Potential eines neuen Informationssystems erkannt haben, werden häufig neue Möglichkeiten sichtbar, die Büroarbeit weiter zu verbessern. Informationssystem, Mensch und Ablauforganisation sind wechselseitig voneinander abhängig (vgl. KLEIN /80/), d.h. organisatorische und technische Gestaltung können nicht unabhängig betrachtet werden.

These: Gestaltung und Management verteilter Informationssysteme müssen Erweiterbarkeit und Anpaßbarkeit gewährleisten.

Informationssysteme ändern sich während der Dauer ihres Einsatzes. Häufig genannte Faktoren für die Änderung eines Informationssystems während seines Einsatzes sind dynamische Märkte, Personalfluktuation (vgl. KLING und IACONO /81/), Zuwachs an technischem Wissen bei den Rechneranwendern (vgl. Swanson /154/), Entdeckung neuer Anwendungsmöglichkeiten durch die Mitarbeiter, die diese dann selbst hinzufügen (vgl. BULLEN et al. /18/), neue Geräte und Techniken sowie Änderungen von Gesetzen und Tarifen (vgl. HERBERT und MONK /52/).

- Empirische Untersuchungen von Keen /75/ am MIT haben gezeigt, daß eine sogenannte "Up-and-In"-Taktik der Veränderung bessere Ergebnisse zeigt als eine "Down-and-Out"-Taktik. Die "Down-and-Out"-Taktik basiert auf Anweisungen von oben, langen Entwicklungsphasen und einem formalen System für Planung und Projektmanagement. Die "Up-and-In"-Taktik basiert auf kleinen Gruppen, direkter Beteiligung und partizipativem Management. Dies zeigt, daß sich Organisationen und ihre Informationssysteme inkrementell und evolutionär ändern sollten.

- Die Entwicklung der Aufgaben und Einsatzschwerpunkte eines betrieblichen Informationssystems kann nicht immer vorhergesehen werden. Fallstudien am MIT zum Einsatz von Entscheidungsunterstützungssystemen haben gezeigt, daß sich ihr tatsächlicher Einsatz fast immer vom geplanten unterscheidet und daß viele der wertvollsten Funktionen nicht während des Entwurfs vorhergesagt werden konnten (vgl. KEEN /74/). Ähnliche empirische Beobachtungen werden von EHRHART /31/ für ein Auftragsabwicklungssystem berichtet:

  "Der Anwender weiß wirklich erst dann, was er tatsächlich möchte, wenn er Erfahrungen mit einer ersten (oder mehreren) Programmversion(en) sammeln konnte. Das gilt umso mehr, je komplexer das zu bearbeitende Thema ist, je weiter es sich von der Routine entfernt und je höher der Anwender in der Unternehmungshierarchie angesiedelt ist" (vgl. EHRHART /31/).

- FLOYD /37/ setzt die Änderung des Einsatzschwerpunkts eines betrieblichen Informationssystems in den Zusammenhang der Änderung des Arbeitssystems selbst und weist auf die gegenseitige Beeinflussung hin:

  "Die Organisation, in die das interaktive Anwendersystem eingebettet ist, entwickelt sich weiter, woraus sich neue Anforderungen ergeben. Sobald es in Betrieb ist, verändert das interaktive Anwendersystem selbst seinen Einsatzbereich und verursacht somit ebenfalls neue Anforderungen" (FLOYD /37/, Übersetzung des Verfassers).

Die heute zur Verfügung stehenden Werkzeuge zur Erweiterung und Anpassung komplexer Informationssysteme sind unzureichend. GASSER /40/ stellt in mehreren Fallstudien fest, daß Benutzer komplexer Informationssysteme häufig auf Fehler und Schwierigkeiten stoßen, diese nicht adäquat beheben können und durch Verhaltensänderungen um die Probleme herumarbeiten. Die drei typischen Verhaltensmuster sind "fitting", "augmenting" und "working around". Allen ist gemeinsam, daß das Problem erkannt wird und in den meisten Fällen auch direkt ein Fehler oder eine Unzulänglichkeit im Informationssystem identifiziert werden kann. Die Benutzer behelfen sich jedoch durch Änderungen in ihrem eigenen Verhalten. Dies weist darauf hin, daß der organisatorische oder technische Änderungsmechanismus nicht vorhanden oder zu schwerfällig ist. ANSOFF und BRANDENBURG /4/ fassen die hier geforderte Eigenschaft der Erweiterbarkeit und Anpaßbarkeit eines Systems aus sich selbst heraus unter dem Begriff "strukturelle Reaktivität" zusammen.

These: Gestaltung und Management verteilter Informationssysteme müssen räumliche und organisatorische Verteilung handhaben können.

Büroarbeit ist in der Regel hierarchisch in Arbeitsgruppen eingeteilt, die organisatorisch und räumlich getrennt sind. Dabei wird neben anderen Prinzipien die Interaktionsreduktion zwischen getrennten Arbeitsgruppen angewandt. Empirische Studien zur organisatorischen Verteilung der Kommunikation bei Büroarbeit ergaben, daß dennoch weniger als die Hälfte der Kommunikation bei der Durchführung von Büroarbeit innerhalb der eigenen Gruppe oder Abteilung erfolgt (Bild 4). Untersuchungen über die räumliche Verteilung innerbetrieblicher Kommunikation im Bürobereich ergaben, daß nur circa ein Viertel in der unmittelbaren Umgebung erfolgt, insgesamt etwa die Hälfte am gleichen Standort, der Rest jedoch über größere Distanzen (Bild 5).

These: Gestaltung und Management verteilter Informationssysteme müssen offen sein.

Offenheit bedeutet, daß bestehende und neue Systeme angeschlossen oder integriert werden können. Die Forderung nach Offenheit verteilter Informationssysteme läßt sich aus der Art betrieblicher Abläufe und Beziehungen ableiten, in denen die Annahme einer geschlossenen Welt (vgl. zum Begriff HEWITT /54/) unmöglich ist. Beispielsweise ändert sich die Menge der Geschäftspartner eines Unternehmens mit der Zeit, neue Partner kommen hinzu, die bisher nicht bekannt waren, andere fallen weg. Bezogen auf ein verteiltes Informationssystem bedeutet dies, daß neue Subsysteme hinzukommen können bzw. bekannt werden und andere das Gesamtsystem verlassen. Ein Subsystem kann ein einzelner Rechner, ein Softwarepaket oder ein komplettes Informationssystem sein.

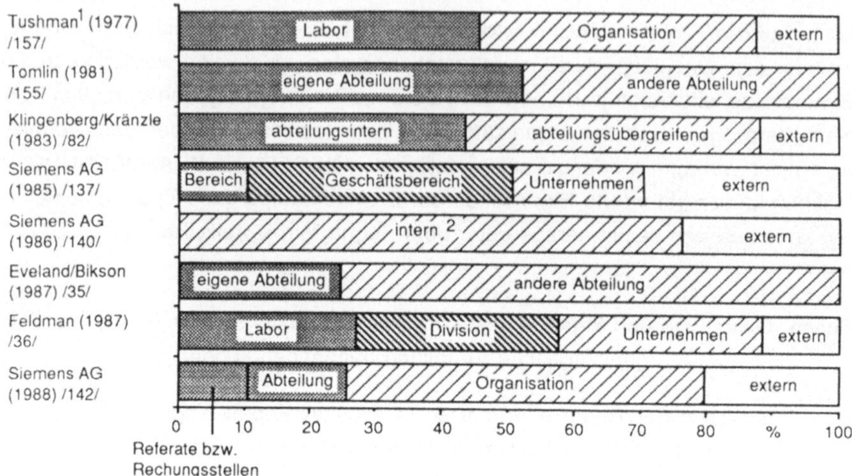

[1] die externe Kommunikation wurde nicht betrachtet

[2] auch abteilungsintern

Bild 4:   Ergebnisse empirischer Untersuchungen zur relativen Verteilung der Kommunikation bei Büroarbeiten nach Organisationseinheiten

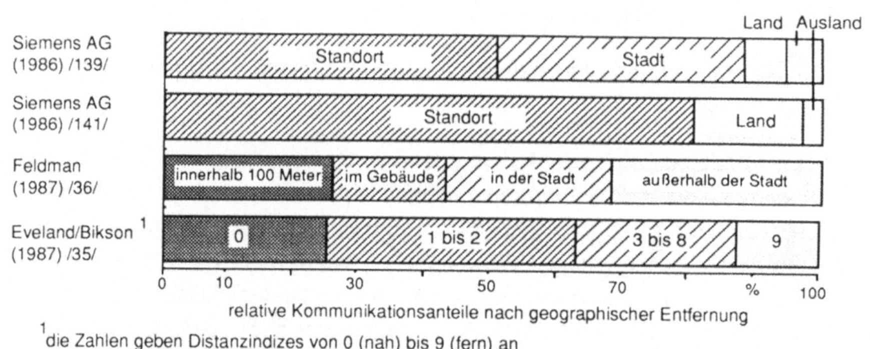

[1] die Zahlen geben Distanzindizes von 0 (nah) bis 9 (fern) an

Bild 5:   Ergebnisse empirischer Untersuchungen zur relativen Verteilung der Kommunikation bei Büroarbeiten nach räumlicher Entfernung

Offenheit des Systems berührt hier nicht nur die Kommunikationsfähigkeit eines Systems, sondern auch dessen Gestaltung und Management, da die wesentlichen Eigenschaften eines offenen Systems, begrenztes Wissen eines Subsystems über das Ganze und begrenzter Einfluß auf andere Subsysteme (vgl. HEWITT und DE

JONG /55/), sich im Gestaltungs- und Managementansatz widerspiegeln müssen. Insbesondere muß die Fähigkeit vorhanden sein, auf unvorhergesehene Änderungen strukturell zu reagieren. Hierzu muß ein Subsystem die eigenen Fähigkeiten sowie die Grenzen seines Wissens und seines Einflusses "kennen".

3.4 Anforderungen aus der Struktur und der Funktionsweise eines verteilten Informationssystems

Gegenüber Informationssystemen auf Großrechnern weisen verteilte Informationssysteme abweichende Eigenschaften auf, die bei ihrer Gestaltung und bei ihrem Management berücksichtigt werden müssen. Dies ist nachfolgend in Form von Thesen formuliert.

These: Gestaltung und Management verteilter Informationssysteme müssen Heterogenität berücksichtigen.

Unterschiede der Hardware und der zugehörigen Betriebssystemsoftware bei verteilten Systemen bieten die Möglichkeit, unterschiedliche Rechner für komplexe Aufgaben einzusetzen. Zum Beispiel können in einem System zur rechnerunterstützten Konstruktion Graphikarbeitsstationen beim Konstrukteur eingesetzt werden, ein Datenbankrechner zur Verwaltung der Stücklisten und technischen Daten sowie ein Vektorrechner zur Durchführung der numerischen Finite-Elemente-Berechnungen. Durch diese aufgabenbedingte Heterogenität von Hardware und Betriebssystemsoftware treten jedoch Kompatibilitätsprobleme auf.

These: Gestaltung und Management verteilter Informationssysteme müssen Komplexität handhaben können.

Die Komplexität eines verteilten Informationssystems beruht zum einen auf der großen Anzahl der Systemelemente und deren Unterschiede (System-Varietät). Informationssysteme mit hoher Varietät können mehrere hundert Arbeitsstationen mit einer Vielzahl unterschiedlicher Programme und Peripheriegeräte in einem Netzwerk umfassen. Zum andern entsteht diese Komplexität durch eine hohe System-Konnektivität, d.h. durch die hohe Anzahl, Frequenz und unterschiedliche Natur der Verbindungen und Beziehungen zwischen den Systemelementen (vgl. zur Definition des Begriffs Komplexität BESSAI /13/).

These: Gestaltung und Management verteilter Informationssysteme müssen Kontingenz der Komponenten berücksichtigen.

Rechnerisch erreichen eine Anzahl im Netz verbundener Arbeitsplatzrechner die Prozessorleistung und die Größe des externen Speicherplatzes eines Großrechners. Aufgrund lokaler Engpässe können aber weder die Prozessorleistung noch der externe Speicher in demselben Maße wie bei einzelnen, großen Rechnern genutzt werden. Der Grund ist darin zu sehen, daß der Bedarf an Prozessorleistung und externem Speicher bei den Benutzern zeitlich sehr stark schwankt. Bei einem einzelnen Rechner hat ein Betriebssystem die globale Kontrolle über die Ressourcen und kann Schwankungen der Leistungsnachfrage zwischen den einzelnen Benutzern ausgleichen. In verteilten Systemen muß aufgrund der Offenheit (siehe oben) und der angestrebten lokalen Autonomie auf eine globale Kontrolle verzichtet werden. Dies führt dazu, daß in Teilen des verteilten Systems Engpässe bei der Prozessorleistung oder bei externen Speichern auftreten können, obwohl an anderer Stelle genügend freie Kapazität wäre.

3.5 Prämissen für die Gestaltung und das Management verteilter Informationssysteme

Aus den oben beschriebenen Anforderungen an die Gestaltung verteilter Informationssysteme lassen sich zusammenfassend Prämissen formulieren, die einem Gestaltungsansatz und einer Systemarchitektur für die Gestaltung und das Management verteilter Informationssysteme zugrundegelegt werden müssen.

1. Bei den meisten Gestaltungs- oder Konfigurierungsaufgaben handelt es sich nicht um eine Neuinstallation eines Informationssystems, sondern um eine Änderung, Verbesserung oder Erweiterung eines bestehenden Systems.

2. Die Arbeitsabläufe und das verteilte Informationssystem müssen sich mit der Zeit an veränderte Umgebungsbedingungen und Anforderungen anpassen können, also eine strukturelle Reaktivität besitzen. Die Architektur des Systems muß diese Anpassungsfähigkeit erlauben.

3. Wenn die Gestaltung auf Anpassung ausgelegt ist, müssen die Anforderungsanalyse, die Systemanalyse sowie die Gestaltung und Veränderung der Arbeitsabläufe und des Informationssystems inkrementell erfolgen.

4. Es ist eine genaue Kenntnis des verteilten Informationssystems und seiner Fähigkeiten notwendig, um eine optimale organisatorische und technische Gestaltung vornehmen zu können.

5. Das Anwendungsgebiet, das mit dem verteilten Informationssystem unterstützt werden soll, muß genau bekannt sein, um Einsatzmöglichkeiten und mögliche Leistungsfähigkeit beurteilen zu können.

6. Bei der Anpassung, Änderung, Verbesserung oder Erweiterung eines verteilten Informationssystems besteht schon ein System, das als Quelle gestaltungsrelevanter Information benützt werden kann.

7. Das verteilte Informationssystem muß in dreifacher Weise offen sein. Zunächst muß es auf der Netzwerkebene offen sein und die Integration und Kommunikation mit weiteren, zusätzlichen Rechnern und Netzwerken erlauben. Darüberhinaus muß die Schnittstelle zur Software offen sein, also die Integration bestehender und entstehender Software ermöglichen. Zuletzt muß das System bezüglich seiner Gestaltung offen sein.

8. Das verteilte Informationssystem wird eine räumliche, funktionale und organisatorisch orientierte Verteilung aufweisen. Der Gestaltungsansatz muß daher nicht nur inkrementell sein, sondern auch partielles Gestalten ermöglichen.

9. Um die Komplexität des Systems bei der Gestaltung zu beherrschen, muß eine Zerlegung sowohl des Systems, als auch der Gestaltungsaufgabe selbst und der damit verbundenen Vorgehensweise vorgenommen werden.

10. Die Gestaltung und das Management eines verteilten Informationssystems muß als Mensch-Maschine-System mit einem menschlichen Organisator und rechnergestützten Werkzeugen erfolgen.

4   STAND DER FORSCHUNG

Für die Gestaltung und das Management verteilter Informationssysteme sind drei Bereiche von besonderer Bedeutung: Vorgehensorientierte Ansätze zur Gestaltung von Arbeitssystemen und Informationssystemen im Büro, rechnergestützte Werkzeuge für die Gestaltung von Informationssystemen und die Standardisierung auf dem Gebiet des Managements verteilter Informationssysteme.

Die Gestaltung verteilter, betrieblicher Informationssysteme berührt neben den Ingenieurwissenschaften und der Informatik die Betriebswirtschaftslehre, insbesondere die Gebiete Reorganisation (vgl. HEMMERT /51/, HILL, FEHLBAUM und ULRICH /55/, KIRSCH und BÖRSIG /79/), Organisation und Management komplexer betrieblicher Systeme (vgl. GOMEZ, MALIK und OELLER /44/, MALIK /96/, SPRÜNGLI /148/, LEHMANN /94/) und Organisationsentwicklung (vgl. KIESER /77/). Diese Gebiete behandeln Gestaltung, Management und Anpassung jedoch auf einer umfassenderen und abstrakteren Ebene, so daß für die Aufgabenstellung dieser Arbeit keine konkreten Ansätze gefunden werden können.

Als praktische Hilfe für den Organisator wurde vom Verein Deutscher Ingenieure (VDI) im Rahmen des VDI-Gemeinschaftsausschusses Bürokommunikation die VDI-Richtlinie 5003 "Methoden zur Analyse und Gestaltung von Arbeitssystemen im Büro" /160/ erarbeitet und als Entwurf vorgelegt. Sie gibt eine Vorgehensweise zur Auswahl einer geeigneten Büroanalyse- und -gestaltungsmethode an und beschreibt verschiedene Methoden anhand eines Beschreibungsrahmens.

4.1   Vorgehensorientierte Ansätze für die Gestaltung von Informationssystemen

Vorgehensorientierte Ansätze für die Gestaltung von Arbeitssystemen und Informationssystemen können eingeteilt werden in phasenorientierter Projektansatz, Prototyping und evolutiver oder versionsorientierter Ansatz (vgl. KRÜGER /87/).

4.1.1 Phasenorientierter Projektansatz

Häufig werden für die Gestaltung von Arbeitssystemen im Büro und für die Gestaltung von Informationssystemen phasenorientierte Projektansätze vorgeschlagen (vgl. GROCHLA /46/, SCHÄFER et al. /130/, WASSERMAN, FREEMAN und PORCELLA /163/). Mit ihnen wird versucht, die Komplexität der Gestaltungsaufgabe durch eine zeitliche Ordnung der Funktionen und deren Zerlegung in kausal aufeinanderfolgende Phasen zu reduzieren.

Der Projektcharakter dieses Ansatzes wird deutlich am klar gekennzeichneten Beginn der Gestaltung mit einer Anforderungsanalyse und dem definierten Ende bei Inbetriebnahme des Systems. Sehr häufig wird ein phasenorientierter Projektansatz für Systemeinführung und Neuimplementierung eingesetzt. Der phasenorientierte Projektansatz baut auf drei impliziten Annahmen auf, die für seine Brauchbarkeit in einem bestimmten Anwendungsfall gültig sein müssen:

1. Die Anforderungen an ein verteiltes Informationssystem bestehen vor dessen Einsatz und entstehen nicht erst während dessen und dadurch.

2. Die Anforderungen an das verteilte Informationssystem können durch eine Analyse vor dem Systementwurf ermittelt und formuliert werden.

3. Die Anforderungen sind zeitlich konstant. Zumindest bleiben sie während der Spezifikation, des Entwurfs, der Implementierung und in den Betrieb hinein konstant.

Die Gültigkeit dieser Annahmen ist aufgrund der oben untersuchten Anforderungen und den daraus resultierenden Prämissen nicht gegeben (vgl. Kap. 3). Die erste und zweite Annahme stehen im Widerspruch zu den oben berichteten Erfahrungen, daß Aufgaben und Einsatzschwerpunkte nicht immer vorhergesagt werden können (vgl. KEEN /74/) und der Anwender erst nach Erfahrungen mit mehreren Systemversionen weiß, was er wirklich will (vgl. EHRHART /31/). Annahmen eins und drei werden von Floyds Beobachtungen zur Änderung des Einsatzschwerpunktes eines Informationssystems widerlegt (vgl. FLOYD /38/).

Zusammenfassend läßt sich feststellen, daß der Phasenansatz den oben aufgestellten Prämissen nicht ausreichend gerecht wird:

• Der Phasenansatz für Büro- und Informationssystemgestaltung ist nicht auf Änderung und Anpassung eines Informationssystems ausgerichtet. Eine strukturelle Reaktivität des Systems wird nicht erreicht.
• Der Phasenansatz beinhaltet weder inkrementelles noch partielles Vorgehen.
• Es findet jedoch eine hohe methodische Komplexitätsreduktion durch die Phaseneinteilung statt.

Zur Überwindung dieser Schwachstellen des Phasenansatzes wurden in der Literatur mehrere Erweiterungen vorgeschlagen. Eine dieser Erweiterungen ist die einfache Rückkopplung, in der ausgehend von der Phase Betrieb der Kreis zur Anforderungsanalyse geschlossen wird (vgl. z.B. BRACCHI und PERNICI /15/). Hierbei ist der Grundsatz der geordneten Folge von Phasen noch nicht aufgegeben. Der einmalige Projektcharakter mit definiertem Anfang und Ende wird jedoch durch die Verwendung der Rückkopplung aufgehoben.

Innerhalb eines Zyklusses selbst können Rückkopplungsschleifen zur Überprüfung der zuvor gefällten Entscheidungen und gegebenenfalls der Rücksprung zu vorherigen Phasen eingeführt werden. Ein Beispiel eines solchen erweiterten Lebenszyklusmodells ist das vom "Technical Committee 11 des European Workshop on Industrial Computer Systems (EWICS)" entwickelte (vgl. BULL /17/). Hier wird der deterministische, sequentielle Phasenansatz nicht ganz aufgegeben, die Ordnung oder Komplexitätsreduktion der Struktur jedoch sehr stark vermindert. Je größer die Anzahl der zusätzlichen Übergangsmöglichkeiten von Phase zu Phase ist, desto geringer ist der Strukturierungsgrad und desto fragwürdiger wird das verwendete Beschreibungsinstrument der aufeinanderfolgenden Phasen.

4.1.2 Prototyping

In der Literatur werden häufig drei Arten des Prototypings unterschieden: Exploratives Prototyping, experimentelles Prototyping und evolutionäres Prototyping (vgl. FLOYD /38/, STREICH, SYLLA und ZÜLLINGHOVEN /150/).

Das explorative Prototyping kann als eine Erweiterung des Phasenansatzes angesehen werden, bei der die Annahmen 1 und 2 des phasenorientierten Projektansatzes aufgehoben sind. Die Anforderungen an ein Informationssystem werden nicht in einer Phase Anforderungsanalyse erhoben, sondern mit Hilfe eines Prototyps gemeinsam von Entwicklern und Benutzern über einen Zeitraum hinweg ermittelt. Die dritte Annahme der zeitlich konstanten Systemanforderungen wird für das Endsystem aufrecht erhalten. Der Prototyp wird also so lange weiterentwickelt, bis er sich, und damit die Anforderungen, stabilisiert hat. Während dieser Entwicklung des Prototyps werden Anforderungsanalyse, Spezifikation, Entwurf und Teile der Implementation zusammen ausgeführt.

Das experimentelle Prototyping dient dazu, mögliche (Teil-)Lösungen in kleinerem Maßstab oder isoliert zu testen, bevor in eine große Implementierung investiert wird. Diese Art des Prototypings ist also weniger mit der Ermittlung der Anforderungen befaßt, als vielmehr mit der Ermittlung der Machbarkeit einer Lösung.

Das evolutionäre Prototyping geht am weitesten, da alle drei Annahmen aufgehoben sind und die Anpassung eines Systems an sich verändernde Anforderungen betont wird. Allerdings ist es fraglich, ob hierfür der Begriff Prototyping noch angemessen ist (vgl. hierzu auch FLOYD /38/), da nicht mehr zwischen einem (vorläufigen oder teilweisen) Prototypen und dem Endsystem unterschieden werden kann. Hier soll daher statt dessen der Begriff evolutive Entwicklung (siehe unten) gebraucht werden.

Zusammenfassend läßt sich feststellen, daß das Prototyping (ohne evolutionäres Prototyping) die oben aufgestellten Prämissen nur teilweise erfüllt:

- Der Prototypingansatz verwendet Änderung und Anpassung "im Kleinen" während der Prototyperstellung. Das fertige, produktive System wird jedoch nicht mehr angepaßt und besitzt auch keine strukturelle Reaktivität.
- Inkrementelles Vorgehen wird während der Prototyperstellung eingesetzt.
- Partielles Vorgehen wird insbesondere bei experimentellem Prototyping eingesetzt.
- Die methodische Komplexitätsreduktion ist geringer als beim Phasenansatz.

4.1.3 Evolutiver oder versionsorientierter Ansatz

Evolutives Entwickeln von Informationssystemen wurde von FLOYD /37/, GILB /42/ und IIVARI /63/ vorgeschlagen. Seine wesentlichen Merkmale sind:

- die Annahme, daß sich die Umgebung des Systems und die Anforderungen unvorhersehbar ändern,
- die Modifizierbarkeit des Systems,
- der iterative Entwurf des Systems in häufigen Durchläufen durch einen Gestaltungszyklus, und
- das Auftreten aufeinanderfolgender Versionen des Systems (Versionenkonzept).

Die Trennung in eine Gestaltungsphase und eine Betriebs- bzw. Wartungsphase kann nicht mehr vorgenommen werden (vgl. FLOYD /37/, IIVARI /63/ und LEHMAN /91/). Daher ist die Partizipation der Anwender bei der Gestaltung nicht mehr auf eine erste Anforderungsanalysephase oder das Prototyping beschränkt, sondern dauert während der gesamten Nutzungsdauer an.

Das Informationssystem wird bei der evolutiven Entwicklung jedoch weiterhin von außen betrachtet, d.h. das System wird gestaltet bzw. modifiziert und ist dabei passiv (vgl. LEHMAN /91/). Der Gestaltungseingriff und die Beobachtung der Umgebungsveränderungen erfolgen von außen.

Der evolutive oder versionsorientierte Ansatz weist folgende Merkmale auf:

- Evolutives Vorgehen ist speziell auf Änderung und Anpassung ausgerichtet.
- Inkrementelles, versionsorientiertes Vorgehen wird angewandt.
- Partielles Gestalten ist nicht explizit Bestandteil des evolutiven Ansatzes.
- Die methodische Komplexitätsreduktion ist geringer als beim Prototyping.
- Obwohl der evolutive Ansatz auf Anpassung ausgerichtet ist, besitzt das so gestaltete System keine strukturelle Reaktivität, da es passiv ist und die Gestaltungshandlung von außen vorgenommen wird.

Der evolutive Ansatz kommt den oben aufgestellten Prämissen am nächsten.

4.1.4 Zusammenfassung der vorgehensorientierten Ansätze

Die Anforderungen, die bei der Gestaltung verteilter Informationssysteme an eine Vorgehensweise zu stellen sind (vgl. die Prämissen in Abschnitt 3.5), werden von keinem der hier untersuchten Ansätze vollständig erfüllt. Am nächsten kommt der evolutive Ansatz, bei dem keine der drei Annahmen des Phasenansatzes zugrunde gelegt werden muß. Er ist jedoch komplexer als die anderen und gewährleistet noch keine strukturelle Reaktivität des Systems.

Betrachtet man das gesamte Arbeitssystem im technischen Büro, so kann man die Gestaltungsfunktion als Bestandteil des Systems selbst verstehen. Dies führt zu der Forderung, daß die für die Gestaltung des Systems notwendigen Funktionen vom System selbst wahrgenommen werden. Diese Betrachtung schafft die Voraussetzung, die Anpassungsfähigkeit eines Systems mit Hilfe von in das System integrierten Komponenten zu ermöglichen und zu unterstützen. Dadurch wird es möglich, gestaltungsrelevante Informationen direkt im System zu messen und für die Gestaltung zu verwenden. Darüberhinaus können die Gestaltung selbst und die Realisierung der Gestaltungsentscheidung als Funktionen im verteilten Informationssystem implementiert werden, womit eine strukturelle Reaktivität erreicht werden kann.

4.2 Rechnergestützte Gestaltungswerkzeuge für Informationssysteme

Zur Untersuchung und Charakterisierung rechnergestützter Gestaltungswerkzeuge müssen zunächst begriffliche Kategorien der Einordnung gebildet werden, die reichhaltig genug sind, um den unterschiedlichen Aspekten der Werkzeuge gerecht zu werden. Diese legen den Beschreibungsrahmen fest, in dem die Werkzeuge dargestellt werden. Hier wird zunächst dieser Beschreibungsrahmen entwickelt, in dem anschließend die Gestaltungswerkzeuge beschrieben und klassifiziert werden.

4.2.1 Beschreibungsrahmen für rechnergestützte Gestaltungswerkzeuge

Es werden vier Merkmalsklassen unterschieden: Gestaltungsaufgabe, funktionale Entscheidungskomponente, methodenbezogene Eigenschaften und modellbezogene Eigenschaften.

Bei der Gestaltung von Informationssystemen im Büro lassen sich vier *Gestaltungsaufgaben* unterscheiden (vgl. NESS, REIM, MEITNER, NIEMEIER /111/ und NIEMEIER, NESS, REIM /114/): die organisatorische Gestaltung des Arbeitssystems im Büro (kurz *Bürogestaltung*), die *Informationssystemgestaltung*, die *Konfigurierung* und die *Programmierung* des Informationssystems.

Die Bürogestaltung legt die Aufgaben, die organisatorischen Arbeitsabläufe, die Zuordnung von Aufgaben zu Stellen sowie die personelle und technische Ausstattung der Stellen fest. Sie wird beeinflußt von der Funktion des Büros, von dessen Umgebung, z.B. durch externe Beziehungen zu anderen Arbeitssystemen oder durch Gesetze sowie von internen Größen. Beispiele für interne Größen sind die personelle Stärke des Büros, die verfügbaren technischen Ressourcen, die Qualifikation und Motivation der Mitarbeiter.

Die Informationssystemgestaltung ist in die Bürogestaltung eingebunden und legt die Funktionalität, die Bestandteile und Verteilung des Informationssystems fest. Dies beeinflußt insbesondere die Zuordnung von Programmen und Systemressourcen zu den Aufgaben und Stellen des Büros sowie die Festlegung der Kommunikationsbeziehungen im Informationssystem.

Die Konfigurierung verfeinert und realisiert die von der Informationssystemgestaltung vorgegebene Struktur des Informationssystems. Sie ermittelt die erforderliche Leistungsfähigkeit der Netzwerk-, Hardware- und Betriebssoftwarekomponenten des verteilten Informationssystems und bestimmt deren Zusammenwirken. Hierzu zählen insbesondere die Festlegung und Einrichtung der Netzwerktopologie, die Konfigurierung der Hardwarekomponenten, die Parametrierung der Betriebssystemsoftware sowie die Verteilung und Parametrierung der Anwendungssoftware.

Die Programmierung, insbesondere die Anwendungsprogrammierung, realisiert die Programme, die von der Informationssystemgestaltung für die Durchführung der

Aufgaben vorgesehen sind. Entsprechend der objektorientierten Programmier-
weise sollte dies durch Weiterverwendung und Verfeinerung bestehender Pro-
grammoduln geschehen.

Bild 6 zeigt die Gestaltungsaufgaben und die zwischen ihnen bestehenden Koordinationsbeziehungen: die Vorgabe von Anforderungen und die Meldung potentieller
Fähigkeiten. Die dominierende Koordinationsbeziehung ist die Vorgabe von Anforderungen. Um realistische Anforderungen stellen zu können, müssen die Fähigkeiten der nachgeordneten Gestaltungsaufgaben bekannt sein.

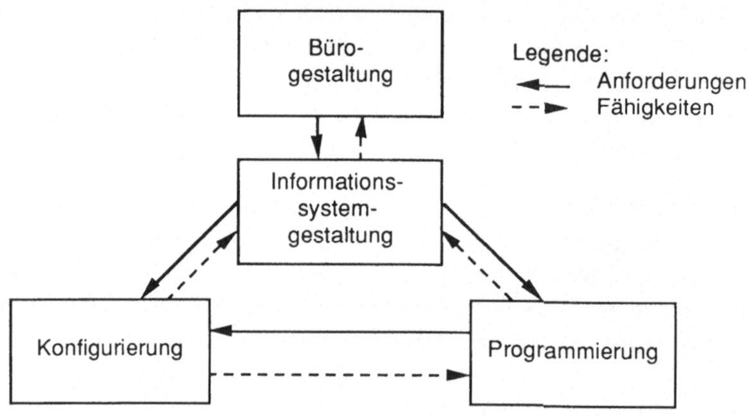

Bild 6:   Gestaltungsaufgaben und ihre Koordinationsbeziehungen

Die Gestaltungsaufgaben können als lose gekoppelte Entscheidungsprozesse verstanden werden (vgl. auch SWANSON /154/). Ein Entscheidungsprozeß, wie er in
der Literatur häufig für die organisatorische und technische Gestaltung benützt wird
(vgl. für eine Übersicht über Entscheidungsmodelle in der organisatorischen Gestaltung: HIRSCH /48/), besteht aus *funktionalen Entscheidungskomponenten*. In
der Regel wird eine Einteilung in Phasen vorgenommen (vgl. z.B. SIMON /143/).
Dies impliziert jedoch eine zeitliche und kausale Reihenfolge der Komponenten,
die in der Praxis durch gegenseitige Abhängigkeiten und Rückkopplungsbezie-
hungen nicht aufrecht zu erhalten ist. Anstelle der sonst häufig vorgenommenen
Umdefinierung des Begriffs Phase (vgl. GROCHLA /46/), soll hier von funktionaler
Komponente gesprochen werden, da dies keine Reihenfolge impliziert, aber eine
thematische Unterscheidung erlaubt.

Ausgehend von den drei Phasen des Entscheidungsmodells nach SIMON /143/,
"Intelligence", "Design" und "Choice", wird hier ein Entscheidungsmodell mit fünf

funktionalen Komponenten verwendet. Dazu werden die Simonschen Phasen "Design" und "Choice", die im Zusammenhang dieser Arbeit besonders wichtig sind, verfeinert. Die Phase "Design", die sich mit der Entscheidungsfindung befaßt, kann entsprechend des "generate and test"-Paradigmas (vgl. WINSTON /167/) in zwei Komponenten aufgespalten werden: Lösungserstellung und Lösungsbewertung. Die Phase "Choice" bei Simon beinhaltet neben der reinen Entscheidung auch deren Realisierung (vgl. SPRAGUE und CARLSON /147/). Hier soll zwischen Entscheidung und Implementierung unterschieden werden. Die funktionalen Komponenten des Entscheidungsprozesses sind damit:

Analyse: Analyse wird hier im Sinne des Simonschen Begriffs "Intelligence" verstanden und umfaßt die Informationsakquisition (Beschaffung und Aufbereitung von gestaltungsrelevanten Informationen), das Erkennen von Problemen und Möglichkeiten sowie die Definition der situativen Gestaltungsaufgabe, insbesondere der Gestaltungsziele.

Lösungserstellung: Die Lösungserstellung beinhaltet das Verstehen des Problems, die Modellierung des Sachverhalts, die Entwicklung und die Darstellung möglicher Gestaltungslösungen.

Lösungsbewertung: Die Lösungsbewertung beinhaltet die Prüfung der erstellten möglichen Lösungen auf ihre Qualität im Hinblick auf die Gestaltungsziele.

Lösungsauswahl: Die Lösungsauswahl beinhaltet die Wahl einer bestimmten möglichen Lösung aus der Lösungserstellung und berücksichtigt dabei die Informationen aus der Lösungsbewertung.

Implementierung: Die Implementierung umfaßt die operationale Realisierung der gewählten Lösung.

Mit Hilfe der beiden Merkmalsklassen Gestaltungsaufgabe und funktionale Entscheidungskomponente sollen im folgenden Gestaltungswerkzeuge klassifiziert werden. Jedes der Werkzeuge realisiert oder unterstützt ein methodisches Vorgehen und unterstellt eine bestimmte Sichtweise auf das Problem. Dies wird durch die methodenbezogenen bzw. modellbezogenen Eigenschaften der Werkzeuge beschrieben. Bei den *methodenbezogenen Eigenschaften* werden die Vorgehensrichtung ("top-down", "bottom-up"), die Vorgehensweise (phasenorientiert, iterativ) und die Betrachtung des Gestaltungsvorgangs (als Neuimplementierung, einmalige Änderung oder kontinuierliche Weiterentwicklung) unterschieden. Bei den *modellbezogenen Eigenschaften* wird beschrieben, ob die Sichtweise daten-, prozeß-

und/oder aktorenorientiert ist (vgl zur Definition der Begriffe: VDI /160/) und ob Verteilung explizit berücksichtigt wird. Weiter wird beschrieben, ob das Modell deskriptive, wertende und/oder normative Elemente enthält und welcher Detaillierungsgrad bezüglich des Informationssystems im Modell vorliegt.

4.2.2 Strukturierte Beschreibung rechnergestützter Gestaltungswerkzeuge

Mit Hilfe des oben eingeführten Beschreibungsrahmens sind die exemplarisch ausgewählten Gestaltungswerkzeuge MOSAIK (vgl. PAPE /122/, VDI /160/), PLAKOM (vgl. SIEMENS /138/), ISMOD (vgl. HEIN /49/), KSA (vgl. PIETSCH et al. /124/, VDI /160/), OFFIS (vgl. BRACKER und KONSYNSKI /16/, KONSYNSKI et al. /84/), PLEXPLAN (vgl. KONSYNSKI et al. /85/, MCINTYRE et al. /101/), Quinault (vgl. NUTT und RICCI /118/, NUTT /117/), NetCon (vgl. LEHMANN et al. /92/), XSel/XCon (vgl. MCDERMOTT /99/, /100/), Siconfex (vgl. HAUGENEDER /48/, LEHMANN /93/), TODOS (vgl. KIEBACK und KERBER /76/) und TAXIS (vgl. BARRON /9/, MYLOPOULOS et al. /108/) in Anhang A beschrieben. Bild 7 zeigt eine Tabelle, in der diese Beschreibungen zusammengefaßt sind.

4.2.3 Klassifikation und Diskussion

Die Gestaltungswerkzeuge können anhand der beiden Merkmalsklassen Gestaltungsaufgabe und funktionale Entscheidungskomponente in fünf Gruppen eingeteilt werden (vgl. Bild 7).

Zu Gruppe 1 gehören PLAKOM und MOSAIK sowie weitere Kommunikationsanalysewerkzeuge (siehe Anhang A). Sie konzentrieren sich auf die *Anforderungsanalyse* für die *Bürogestaltung* und *Informationssystemgestaltung*. Kommunikations- und stellenbezogene Daten werden durch Aufschreibung und Fragebogen gesammelt, im Rechner aggregiert und in Tabellenform bzw. graphisch dargestellt. Ziel ist die Einführung neuer Informationssysteme in bestehende Arbeitssysteme. Es wird eine phasenorientierte Projektstruktur eingesetzt, die nicht in die laufenden Arbeitsvorgänge eingebunden ist. Die Vorgehensweise ist vorwiegend "bottom-up", ausgehend von den erhobenen Daten. Die verwendeten Modelle weisen daten- und prozeßorientierte Merkmale auf und berücksichtigen die Verteilung explizit. Die verarbeiteten Daten sind so allgemein, daß die Auswahl eines Informationssystems auf der technischen Ebene nicht unterstützt wird. Die vom Werkzeug gegebene Unterstützung beschränkt sich auf die Erfassung, Speicherung und Darstellung gesammelter Daten. Die Interpretation der Informationen im Hinblick auf eine Gestaltungslösung wird dem Benutzer überlassen.

Gruppe	Gestaltungswerkzeug	Bürogestaltung	Informationssystem-gestaltung	Konfigurierung	Programmierung	Analyse	Lösungserstellung	Lösungsbewertung	Lösungsauswahl	Implementierung	top-down	bottom-up	phasenorientiert	iterativ	Neuimplementierung	einmalige Änderung	kontinuierliche Weiterentwicklung	datenorientiert	prozeßorientiert	aktorenorientiert	Verteilung	deskriptiv	wertend	normativ	Detaillierungsgrad bzgl. Informationssystem
		Gestaltungsaufgabe				funktionale Entscheidungskomponente					methodenbezogene Eigenschaften							modellbezogene Eigenschaften							
1	MOSAIK	◐	●	○	○	●	○	○	○	○	▲	▲	▲	△	▲	▲	△	▲	▲	△	▲	▲	△	△	○
1	PLAKOM	◐	●	○	○	●	○	○	○	○	△	▲	▲	△	▲	△	△	▲	▲	△	▲	▲	△	△	○
2	ISMOD	●	◐	○	○	●	◐	◐	○	○	▲	△	▲	▲	△	▲	△	△	▲	△	▲	▲	▲	△	○
2	KSA	●	●	○	○	●	◐	◐	○	○	△	▲	▲	▲	▲	▲	△	△	▲	△	△	▲	△	△	○
3	OFFIS	●	●	○	○	○	●	◐	○	○	▲	△	△	▲	▲	▲	△	▲	△	△	▲	▲	△	△	○
3	PLEXPLAN	●	●	◐	○	◐	●	◐	○	○	▲	△	▲	△	▲	▲	△	▲	△	▲	△	▲	△	▲	◐
3	Quinault	●	●	○	○	○	●	◐	○	○	▲	△	△	▲	▲	▲	▲	△	▲	▲	△	▲	△	△	◐
4	TODOS	●	●	○	◐	◐	●	◐	○	◐	▲	△	▲	▲	▲	△	△	▲	▲	△	△	▲	△	△	◐
4	TAXIS	○	●	○	●	○	●	●	○	●	▲	△	▲	△	▲	△	△	▲	△	△	△	▲	△	▲	◐
5	NetCon	○	●	●	○	○	●	●	●	○	▲	△	△	△	▲	△	△	△	△	▲	▲	▲	▲	▲	●
5	XSel/XCon	○	◐	●	○	○	●	●	●	○	▲	△	▲	△	▲	△	△	▲	△	△	△	▲	▲	▲	●
5	Siconfex	○	◐	●	○	○	●	●	●	◐	▲	△	△	△	▲	△	△	△	△	▲	△	▲	▲	▲	●

Legende: ● ganz/hoch　　◐ teilweise/mittel　　○ nicht/niedrig　　ja ▲　　nein △

Bild 7: Zusammengefaßte Beschreibung der Gestaltungswerkzeuge

Gruppe 2 besteht aus KSA und ISMOD. Diese Werkzeuge bieten im Gegensatz zu denen der Gruppe 1 eine Unterstützung der *Lösungserstellung* für die *Büro-* und *Informationssystemgestaltung.* Das Ziel ist die Einführung oder Änderung eines betrieblichen Informationssystems. Es wird von einer detaillierten Beschreibung des Ist-Zustands ausgegangen. In einer schrittweisen, iterativen Vorgehensweise werden im "generate-and-test"-Verfahren Lösungen entwickelt. Die Modelle sind prozeßorientiert. Die Werkzeugmoduln sind eine Modelldatenbank, ein Modelleditor, Auswertungs- und Darstellungsprogramme sowie ein Simulator.

Gruppe 3 beinhaltet OFFIS, PLEXPLAN und Quinault. Diese Werkzeuge konzentrieren sich auf die *Lösungserstellung* und *-bewertung* für die *Büro-* und *Informationssystemgestaltung.* Eine genaue Analyse der Ist-Situation wird vorausgesetzt. Diese wird in einer formalen Sprache beschrieben. Das Ziel ist die Erzeugung verschiedener Lösungsalternativen und deren Bewertung. Die Vorgehensweise zur Lösungsgestaltung ist "top-down" und iterativ, also eine Umkehrung gegenüber derjenigen bei der Analyse und Problemerkennung. Die verwendeten Modelle sind gemischte Modelle, die daten-, prozeß- und aktorenorientierte Bestandteile besitzen. Sie sind sehr spezifisch auf eine bestimmte Problem- oder Informationssystemklasse ausgerichtet (Quinault z.B. für verteilte Bürosysteme). Die Unterstützung durch das Werkzeug erfolgt mit Hilfe von Modelleditoren und Bewertungsmoduln, im Falle von Quinault durch einen verteilten Simulator auf mehreren Prozessoren. Die Lösungsbewertung erfolgt im Hinblick auf Vorgangszeiten, Arbeitsbelastungen und Informationsströme.

Gruppe 4 beinhaltet TAXIS und TODOS als Vertreter integrierter Software-Entwicklungssysteme, die von der logischen Gestaltung bis zur Programmgenerierung reichen sollen. Es werden *Lösungserstellung, Lösungsbewertung* und teilweise die *Implementierung* für die *Informationssystemgestaltung* und die *Anwendungsprogrammierung* unterstützt. Die Hauptmerkmale sind die durchgängige Unterstützung von der Informationssystemgestaltung bis zum lauffähigen Softwaresystem, die Gestaltung als Modellierung in einer formalen Sprache und die hierarchische Verfeinerung der Gestaltungslösung. Die verwendeten Modelle sind auf den abstrakten Verfeinerungstufen sehr allgemein (z.B. SADT) und werden mit fortschreitender Verfeinerung problemspezifischer (z.B. TAXIS für betriebliche Datenbankanwendungen). Es existiert ein konzeptueller Modellierungsrahmen, in den die verwendeten Modellierungssprachen integriert sind, um die Übergänge zwischen den Modellen zu erleichtern. Die Werkzeugunterstützung umfaßt Modelleditoren, Syntax- und Semantikprüfer sowie Prototypingwerkzeuge bzw. automatische Programmgeneratoren.

Gruppe 5 beinhaltet NetCon, Siconfex und XSel/XCon. Diese Werkzeuge decken die *Erstellung, Bewertung* und *Auswahl* von Lösungen für die partielle *Informationssystemgestaltung* und *Konfigurierung* ab. Es wird genau eine richtige Lösung gesucht. Die Alternativenbewertung und -auswahl werden implizit bei der automatischen Lösungsgenerierung durchgeführt. Die betrachteten Sachverhalte und Zielsysteme werden detailliert und umfassend modelliert. Die Gestaltungsregeln sind entsprechend einer Problemzerlegung gegliedert. Die Werkzeugunterstützung reicht hier bis zur automatischen Erzeugung einer Konfigurationslösung für vorgegebene Anforderungen.

Aus der obigen Beschreibung des Stands der Forschung bei Werkzeugen zur Gestaltung von Informationssystemen lassen sich zusammenfassend folgende Feststellungen ableiten:

- Alle untersuchten Werkzeuge bauen auf einem Projektansatz auf, der von der Einmaligkeit des Gestaltungsvorgangs geprägt ist. Eine kontinuierliche Weiterentwicklung einer Lösung ist außer bei Quinault nicht vorgesehen. Dabei wird von konstanten Anforderungen ausgegangen. Zeitliche Fortentwicklung wird nicht ausdrücklich betrachtet.

- Die Gestaltung des Informationssystems erfolgt durch einen menschlichen Gestalter, der durch Rechnerwerkzeuge unterstützt wird (Mensch-Maschine-System).

- Die Anteile des menschlichen Gestalters an der Gestaltungsarbeit, das Verhältnis zum und das Wissen über das Informationssystem sind unterschiedlich zwischen den einzelnen Werkzeuggruppen.

- Die Werkzeuge in Gruppe 1 beanspruchen, unabhängig vom Informationssystem zu sein. Die Werkzeuge der Gruppen 4 und 5 dagegen sind speziell auf einen Informationssystemtyp und auf eine bestimmte Problemstellung hin ausgerichtet. Das Verhältnis der Gestaltungswerkzeuge zum Informationssystem, und damit auch der Detaillierungsgrad des Modells, nimmt von Gruppe 1 über die Gruppen 2 und 3 hin zu Gruppe 4 bzw. 5 zu.

- Entsprechend des Verhältnisses des Werkzeugs zum Informationssystem nimmt das im Werkzeug gespeicherte Wissen über das Informationssystem von Gruppe 1 zu Gruppe 5 zu. Die Modelle der Werkzeuge in Gruppe 5 beinhalten detaillierte Beschreibungen der möglichen Komponenten des Informationssystems.

• Der Grad der Unterstützung durch die Werkzeuge nimmt von Gruppe 1 zu den Gruppen 4 und 5 hin zu. Während die Werkzeuge der Gruppen 1 und 2 nur die einfachen, strukturierten Tätigkeiten wie einfache Datenaggregation und graphische Darstellung übernehmen, die Problembeurteilung und Schwachstellenerkennung aber dem Benutzer überlassen, lösen die Werkzeuge der Gruppe 5 das Konfigurationsproblem selbsttätig. Dieser Unterschied rührt zum einen daher, daß die Konfigurationsprobleme enger abgegrenzt, strukturierter und besser verstanden sind als die Anforderungsanalyse der Gruppe 1. Zum anderen erfordert die Erhebung der betrieblichen Daten den Einsatz eines menschlichen Organisators.

Die Untersuchung zeigt drei Defizitbereiche beim Stand der Forschung auf:

1. Die Lösungserstellung und die Lösungsbewertung sind durch die verfügbaren Werkzeuge und Methoden nur unzureichend unterstützt. Speziell für die Informationssystemgestaltung beschränkt sich die Unterstützung auf die strukturierten Aufgaben.

2. Der Übergang von der Informationssystemgestaltung zur Konfigurierung und zur Anwendungsprogrammierung bedarf größerer Beachtung. Die Implementierung der Informationssystemgestaltung muß über eine Anforderungsdefinition zur Analyse für die Konfigurierung führen. Ingenieurmäßige Ansätze hierzu sind bei integrierten Software-Entwicklungsumgebungen zu finden. Für eine Übersicht muß auf CERI /21/, LOCKEMANN und MAYR /95/ sowie OLLE, SOL und TULLY /119/ verwiesen werden.

3. Die gestalterische Weiterentwicklung eines Informationssystems während seiner Betriebsdauer wird (mit Ausnahme von Quinault) nicht unterstützt. Die Werkzeuge der Gruppen 1 und 5 gehen explizit von der Einmaligkeit des Gestaltungsvorgangs aus. Lediglich die Werkzeuge der zweiten, dritten und teilweise der vierten Gruppe setzen für Teilbereiche inkrementelles Ändern ein.

4.2.4 Zusammenfassung des Entwicklungsstands bei Gestaltungswerkzeugen

Erst seit Ende der siebziger Jahre wird dem Gebiet der Gestaltung betrieblicher Informationssysteme, insbesondere der organisatorischen Integration und der Konfigurierung verstärkte Aufmerksamkeit in der Forschung durch die Entwicklung rechnergestützter Werkzeuge gewidmet. Hierzu zählen neben den in dieser Arbeit untersuchten Werkzeugen auch Methoden zur strategischen Informations-

systemplanung (für eine vergleichende Beschreibung siehe GUTZWILLER, LEH-
MANN-KAHLER und ÖSTERLE /47/), sowie Software-Entwicklungsumgebungen
(für umfassende vergleichende Beschreibungen siehe LOCKEMANN und MAYR
/95/, CERI /21/, OLLE, SOL und TULLY /119/, OLLE, SOL und VERRIJN-STUART
/120/). Die während der achziger Jahre entstandene Lösungsansätze in Form
rechnerunterstützter Methoden und Werkzeuge decken jeweils nur einen Teilbereich der Gestaltung ab und behandeln diesen als ein einmaliges Gestaltungs-
projekt. Es können fünf Gruppen von Werkzeugen unterschieden werden. Der Grad
der Gestaltungsunterstützung - von der reinen Datendarstellung und -speicherung
bis zur automatischen Durchführung - unterscheidet sich stark zwischen den fünf
beobachteten Werkzeuggruppen. Dieser Grad der Unterstützung korreliert mit dem
Verhältnis des Gestaltungswerkzeugs zum zu gestaltenden Informationssystem und
mit dem im Werkzeug gespeicherten Wissen in Form von Modellen des Informationssystems. Dieses Wissen ist nicht nur rein beschreibend, sondern insbesondere
in der Gruppe 5 wertend, so daß es die Lösungsauswahl ermöglicht.

Die größten Defizite im Umfang und Grad der Unterstützung treten bei der aufga-
benorientierten Informationssystemgestaltung auf. Dies gilt für die Lösungserstellung, aber noch in verstärktem Maß für die Lösungsbewertung, teilweise ebenfalls
für die Analyse. Die Weiterentwicklung eines verteilten Informationssystems während seines Betriebs wird von keinem der untersuchten Werkzeuge explizit als eine
kontinuierliche Gestaltungsaufgabe unterstützt. Dies muß im Hinblick auf die oben
aufgestellten Prämissen als Defizit des gegenwärtigen Entwicklungsstands rechnergestützter Gestaltungswerkzeuge betrachtet werden.

4.3 Standardisierung auf dem Gebiet des Managements verteilter In-
formationssysteme

Bevor auf die Standardisierung des Managements verteilter Informationssysteme
eingegangen wird, sollen hier zunächst kurz die Standards zur Rechnerkommunikation und zur Architektur verteilter Informationssysteme betrachtet werden, da
sie durch Festlegung der Eigenschaften wesentlicher Informationssystemkompo-
nenten den Rahmen für die Managementstandards bilden.

4.3.1 Standardisierung der Rechnerkommunikation

Der Stand der Standardisierung der Rechnerkommunikation ist durch das Basis-
Referenzmodell, das von der International Organization for Standardization (ISO)
unter dem Titel "Open Systems Interconnection" (OSI) /26/ genormt wurde, und
durch die Empfehlungen für lokale Netzwerke der Arbeitsgruppe 802 des Institute

of Electrical and Electronical Engineers (IEEE) /62/ weit fortgeschritten. Diese Standards legen die Kommunikationsarchitektur, die physischen Kommunikationsträger und anwendungsunabhängige Kommunikationsprotokolle zwischen Rechnern fest.

Für den Anwendungsbereich der Fabrikautomatisierung und der technischen Bürobereiche werden gegenwärtig das Manufacturing Automation Protocol (MAP) und die Technical and Office Protocols (TOP) entwickelt (vgl. SUPPAN-BOROWKA und SIMON /153/). Ziel dieser Entwicklung ist die Vereinheitlichung einer Kommunikationsinfrastruktur, die speziell den Anforderungen in der Produktion und in technischen Büros gerecht wird. Der Schwerpunkt von MAP und TOP liegt in der Auswahl geeigneter Elemente entsprechend dem Referenzmodell für Open Systems Interconnection und der Spezifikation von Schnittstellen und Übertragungsprotokollen. Diese Standardisierungsarbeiten sind noch nicht abgeschlossen.

4.3.2 Standardisierung von Architekturen verteilter Informationssysteme

Über die Rechnerkommunikation hinaus werden seit Beginn der achtziger Jahre von der European Computer Manufacturers Association (ECMA) Architekturen für verteilte Informationssystemanwendungen in Büro und Produktion standardisiert. Die wesentlichen Arbeiten auf diesem Gebiet sind das Framework for Distributed Office Applications (FDOA) (vgl. ECMA /30/) und das Distributed Applications Support Environment (DASE) (vgl. ECMA /28/, /29/). Das FDOA ist ein Strukturierungsrahmen für verteilte Informationssysteme, der die Entwicklung von Anwendungssystemen beschleunigen und die herstellerunabhängige Kompatibilität verteilter Anwendungssoftware fördern soll. Der Standard baut auf einem geschichteten "Client-Server-Modell" auf und definiert Unterstützungsdienste und Sicherheitseinrichtungen. DASE ist ein Rechnermodell für die verteilten Systemen zugrundeliegende Unterstützungsumgebung (Betriebssystem). DASE soll später in das vorgeschlagene ISO-Modell für Open Distributed Processing münden (vgl. ISO /67/, ECMA /27/).

In Großbritannien beschäftigt sich ein vom Alvey-Directorate gefördertes Forschungs- und Standardisierungsprojekt unter dem Namen Advanced Networked Systems Architecture (ANSA) mit der Definition einer objektorientierten Architektur für verteilte Informationssysteme, die im wesentlichen alle Aspekte vom Rechnermodell über die Sprache bis zum Systemmanagement umfaßt (vgl. HERBERT und MONK /52/).

4.3.3 Standardisierung des Managements verteilter Informationssysteme

Aufbauend auf der Standardisierung der Rechnerkommunikation und der Architektur verteilter Rechnersysteme wurde erst in den achtziger Jahren begonnen, für die Verwaltung von Kommunikationsnetzwerken und das Management verteilter Informationssysteme Standards zu entwickeln. Hier sind zu nennen: das OSI Management Framework /66/, die Arbeiten zum Netzwerkmanagement in MAP /146/, die Arbeiten zum Management im ANSA-Projekt /52/ und die Arbeiten der englischen Special Interest Group in Distributed Systems Management (vgl. SLOMAN /145/). Die Übersicht in Bild 8 faßt die Bereiche, die Ziele, die Ansätze und den Status dieser Arbeiten zusammen. Darüberhinaus befaßt sich das Projekt MANDIS, das von der Kommission der Europäischen Gemeinschaften im Rahmen des Programms COST 11ter gefördert wird, mit Systemmanagement (vgl. BACON et al. /7/, LANGSFORD /90/). MANDIS versteht sich als Forschungsbeitrag zur Standardisierung in ISO und ECMA /90/.

Aus der in Bild 8 dargestellten Übersicht lassen sich drei Feststellungen zum Stand des Managements verteilter Informationssysteme ableiten:

1. Die Standardisierung auf diesem Gebiet hat erst begonnen. Es wurde bisher eine Problemdefinition erreicht, aber es sind noch keine verbindlichen Normen entstanden. Man muß noch mit mehreren Jahren bis zur Standardisierung des Managements verteilter Informationssysteme rechnen, zumal die Standardisierung der zu verwaltenden Systemkomponenten selbst noch nicht abgeschlossen ist (vgl. Abschnitt 4.3.2).

2. Am weitesten fortgeschritten ist die Standardisierung des Managements der Rechnerkommunikation im Rahmen von OSI. Dieser Standard wird allen anderen zugrunde liegen, deckt jedoch nur einen Teilbereich des Managements verteilter Informationssysteme ab. Generell werden die unteren Schichten des Basis-Referenzmodells und die operativen Verwaltungsaufgaben wie Nutzungsabrechnung stärker berücksichtigt als die längerfristige Planung und Weiterentwicklung eines Informationssystems.

Standardisierungs-gremium	Bereich	Ziel	Ansatz	Dokumente und Status
ISO/TC 97/SC 21/ WG 4 und ECMA TC 32/TG 4	Management der im OSI-Basis-Referenz-modell definierten Kommunikationsele-mente und -dienste	Standardisierung der abstrakten Syntax und Semantik von OSI Management Informa-tion sowie der Dienste und Proto-kolle zu ihrer Über-tragung in offenen Systemen	• Geschichtete Managementstruktur entspre-chend den Schichten des Basis-Referenz-modells • Benutzung der OSI-Kommunikation der darun-terliegenden Schichten • Funktionale Gliederung in "fault management", "accounting management", "configuration and name management", "performance manage-ment" und "security management" • 3 Ebenen des Managementinformations-Austauschs: - Systemmanagement (SMAEs, Systemmana-gementprotokolle) - (N-) Schicht-Management (N-Layer Manage-ment Entity, N-Layer Management Protocol) - (N-) Schicht-Operation (N-Entity, N-Protocol)	OSI Management Framework, DIS 7498/4, Vorentwurf Tokio, 9.6.87 /68/ OSI Configuration and Name Management Service Definition, Zwischenentwurf Tokio, 6.6.87 /70/ OSI Management Information Services - Structure of Manage-ment Information, Arbeitsentwurf Tokio 9.6.87 /72/ Status: Unvollständige Arbeitsentwürfe
Manufacturing Auto-mation Protocol Arbeitsgruppe	Netzwerkmanage-ment für MAP-Anwendungen auf offenen, lokalen Netzen	Spezifikation des Netzwerkmanage-ments für MAP-Netze	• Spezialisierung des OSI-Standards • Vorgriff auf den zu entwickelnden OSI-Manage-mentstandard für MAP-Netze in den Bereichen Konfigurations-, Leistungs- und Fehlermanage-ment	MAP Chapter 11 - Network Management Requirements Specifi-cation, 20.7.1987 /146/ Status: Entwurf

Bild 8a: Übersicht über die Standardisierung des Managements verteilter Informationssysteme (Stand Juni 1988)

Standardisierungs-gremium	Bereich	Ziel	Ansatz	Dokumente und Status
Management-Gruppe im ANSA-Projekt	Systemmanagement für verteilte Informationssysteme	Beitrag zur Standardisierung verteilter Informationssysteme bei ISO (Open Distributed Processing) und bei ECMA (DASE) durch Festlegung einer Systemarchitektur	• Objekt-orientiertes Systemmmodell • 4-Schichten-Managementrahmen ("operation", "activity", "administration", "policy") mit geschachtelten Regelkreisen • Hierarchische Werkzeugstruktur aus "Control Points", "Management Centres" und "Management User Agents" • Einteilung des Systems in geschachtelte Management-Domänen	ANSA Reference Manual, Release 00.03 Juni 1987 /52/ Status: Unvollständiger Zwischenbericht, insbesondere sind die Managementfunktionen und -informationen noch nicht spezifiziert
Special Interest Group in Distributed Systems Management	System- und Anwendungsmanagement verteilter Informationssysteme in einer Anwenderorganisation	Definition des Managements verteilter Informationssysteme, Anforderungsdefinition für Managementfunktionen und -werkzeuge, Zuarbeit zur Standardisierung offener Systeme	• Client-Server-Modell für das Informationssystem, Management der Dienste • Unterscheidung zwischen Management und normaler Funktion des Systems • Klassifikation in 5 Managementbenutzer: Endbenutzer, Finanzadministrator, Dienste-Administrator, Operator, regulative Autorität • Einteilung des Systems in Management-Domänen, die sich überschneiden können	Distributed Systems Management - A Report hrsg. von M. Sloman, 1.4.87 /145/ Status: erstes Diskussionspapier der Gruppe, Zieldefinition abgeschlossen, es liegen noch keine Standardisierungsvorschläge vor

Bild 8b: Übersicht über die Standardisierung des Managements verteilter Informationssysteme (Stand Juni 1988)

3. Die Notwendigkeit der Einbindung des Managements in die Arbeitsabläufe des Arbeitssystems wurde formuliert (siehe SLOMAN /145/), ebenso die Notwendigkeit, dafür Werkzeuge im verteilten Informationssystem zu schaffen (siehe HERBERT und MONK /52/). Der hierfür erforderliche, umfassende Managementansatz und die Architektur der Werkzeuge sind jedoch noch nicht entwickelt.

4.4 Folgerungen aus dem Stand der Forschung

Bisherige vorgehensorientierte Ansätze zur Gestaltung von Informationssystemen werden den Anforderungen nicht gerecht. Insbesondere die Forderung nach Erweiterungs- und Anpassungsfähigkeit des Informationssystems im Sinne einer strukturellen Reaktivität wird nicht erfüllt. Es ist daher ein Gestaltungsansatz zu formulieren, der eine andauernde Anpassung und Optimierung eines verteilten Informationssystems im Sinne kontinuierlichen Managements ermöglicht.

Zur Überwindung der drei Defizitbereiche beim Stand der Forschung rechnergestützter Gestaltungswerkzeuge sind zwei Arten von Arbeiten erforderlich: die Entwicklung einer Systemarchitektur für Gestaltungs- und Managementwerkzeuge sowie die Entwicklung spezifischer Gestaltungs- und Managementwerkzeuge innerhalb dieser Architektur. An die Systemarchitektur sind folgende Anforderungen zu stellen. Sie muß

*   die Kooperation verschiedener Gestaltungswerkzeuge, die unterschiedlichen Teilprobleme unterstützen (z.B. Netzwerkkonfigurierung, Anpassung eines CAD-Systems) oder die nur bestimmte Teile eines Informationssystems behandeln (z.B. in Gebäude A bzw. Gebäude B), ermöglichen;

*   die Einbindung dem System bisher unbekannter Gestaltungswerkzeuge erlauben (Offenheit);

*   die Weiterentwicklung eines Informationssystems dadurch unterstützen, daß sie die Gestaltungswerkzeuge direkt in dieses einbindet und ihnen so Zugang zu gemessenen gestaltungsrelevanten Informationen und die Möglichkeit, das Informationssystem zu ändern, gibt.

Um den Grad der Gestaltungsunterstützung bei Lösungserstellung und Lösungsbewertung zu erhöhen, müssen die Gestaltungswerkzeuge spezifischer bezüglich der Aufgabe und des Gestaltungsobjektes werden. Dadurch erhöht sich ihre Anzahl, Änderungsrate und Abhängigkeit von einem konkreten Informationssystem.

Da die drei hier identifizierten Aufgabenbereiche (Gestaltungs- und Managementansatz, Systemarchitektur der Werkzeuge und spezifische Gestaltungswerkzeuge) aufeinander aufbauen, ist es zweckmäßig, zunächst den Gestaltungs- und Managementansatz und die Systemarchitektur zu entwickeln, um darauf aufbauend und darin eingebunden spezifische Gestaltungswerkzeuge entwickeln und anwenden zu können.

In dieser Arbeit werden der erforderliche Gestaltungs- und Managementansatz und die Systemarchitektur der Werkzeuge entwickelt.

5 ADAPTIVE GESTALTUNG VERTEILTER INFORMATIONSSYSTEME

5.1 Grundlagen und Einordnung des adaptiven Ansatzes

Im Gegensatz zu konventionellen Systemen, die starr auf ein spezielles Problem eingestellt sind, können adaptive Systeme ihr Verhalten an sich ändernde Anforderungen und Umgebungen anpassen. GIBSON /41/ charakterisiert den wesentlichen Unterschied zwischen konventionellen und adaptiven Systemen wie folgt:

> "Anstelle das System so zu organisieren, daß es erwarteten Eingaben und Parameteränderungen gerecht wird, versieht der Gestalter das System mit einem Mittel, seine Leistungen kontinuierlich in Hinblick auf ein gegebenes Leistungsmaß oder eine Optimalitätsbedingung zu überwachen und einem Mittel, seine eigenen Parameter in einem geschlossenen Regelkreis zu verändern, um sich diesem Optimum zu nähern. Das heißt, das System organisiert sich selbst" (GIBSON /41/, Übersetzung des Verfassers).

5.1.1 Charakteristische Eigenschaften eines adaptiven Systems

Die charakteristischen Eigenschaften eines adaptiven Systems und dessen Gestaltungsansatzes sind
1. die explizite Behandlung einer Unsicherheit der Systemumgebung und des Systems selbst,
2. die Existenz von Gestaltungszielen hinsichtlich der Systemleistung (vgl. HOLLAND /58/) sowie
3. ein Systemansatz zur Modellierung des Systems, der die Fähigkeit des Systems selbst, sich den Gestaltungszielen mit Hilfe dreier Funktionen zu nähern, einschließt. Diese drei Funktionen sind die Identifikationsfunktion, die Entscheidungsfunktion und die Modifikationsfunktion (vgl. GIBSON /41/, MENDEL und FU /103/).

Im folgenden werden diese charakteristischen Eigenschaften eines adaptiven Ansatzes im einzelnen näher untersucht.

5.1.1.1 Unsicherheit des Systems und dessen Umgebung

Der wesentliche Grund für den Einsatz eines adaptiven Systems ist die Unsicherheit, die mit den Einsatzbedingungen des Systems verknüpft ist. Diese Unsicherheit bezieht sich zum einen auf die Systemumgebung, die in nicht vorhersehbarer Weise die Bedingungen des Systems dynamisch ändern kann. Zum anderen bezieht sie sich auf das System selbst, wenn Teile des Systems in ihrer Dynamik nicht vollständig bekannt sind oder sich mit der Zeit in nicht vorhersehbarer Weise ändern (vgl. SARIDIS /129/).

Beispiele für Änderungen in der Umgebung eines betrieblichen Informationssystems, die seine Anpassung erforderlich machen, sind schwankende Auftragsbestände, Marktveränderungen und Änderungen gesetzlicher Vorschriften. Beispiele für zeitlich sich ändernde Informationssysteme sind Leistungsänderungen durch technische Weiterentwicklung oder Fortbildung der Benutzer.

5.1.1.2 Gestaltungsziele hinsichtlich der Systemleistung

Bei der Gestaltung und beim Betrieb eines Informationssystems liegen Gestaltungsziele explizit oder implizit zugrunde. Bei einem Industriebetrieb können diese Ziele beispielsweise die Anzahl der durchgeführten Aufträge in einem bestimmten Zeitraum, die vertretbare Fehlerquote oder die maximale Durchlaufzeit eines Auftrags sein.

Die Ziele können explizit formuliert sein. Diese Formulierung schließt ein Maß für die Zielerreichung ein, z.B. eine Optimalitätsbedingung für die Gestaltung des Informationssystems eines Produktionsbetriebs. Diese kann eine Funktion aus den möglichen Vorgangsabwicklungen, den Fixkosten aus der Investition und Instandhaltung und aus den variablen Kosten pro Auftrag sein. Die Ziele können aber auch in Gestaltungsregeln und -algorithmen implizit enthalten sein.

5.1.1.3 Systemansatz zur Modellierung

Bei einem Systemansatz wird eine makroskopische Sichtweise verwandt. Es werden nur Einzelheiten und Eigenschaften betrachtet, die zur Gestaltung eines funktionierenden Systems nötig sind. Dieser Ansatz, die Struktur eines Systems festzulegen oder zu beschreiben, beginnt von außen mit der Betrachtung der Wirkung eines Systems auf seine Umgebung. Ein System kann auf diese Weise durch sein Verhalten, zum Beispiel in Form von zeitlichen Funktionen der Eingangs- und Ausgangsgrößen, beschrieben werden.

Eine wesentliche Annahme des Systemansatzes ist, daß unabhängig vom spezifischen Kontext die Systeme aus denselben Grundelementen bestehen (vgl. CHURCHMAN /23/). Die zweite wesentliche Annahme des Systemansatzes ist, daß ein System in einer abstrakten, formalen Weise beschrieben werden kann, die von der konkreten Identität des betrachteten Systems unabhängig ist (vgl. SARIDIS /97/). Eine Systemarchitektur kann in zwei zueinander komplementären Arten formuliert werden (vgl. VERRIJN-STUART /161/):

- Indem man seine Elemente (Universe of Discourse) und die zwischen ihnen bestehenden Beziehungen (Couplings) beschreibt, erhält man die Elemente-Beziehungs-(Universe of Discourse-Couplings, UC)-Darstellung.

- Indem man die Zustände (States) des Systems und die zwischen ihnen möglichen Übergänge (Transitions) beschreibt, erhält man die Zustands-Übergänge-(States-Transitions, ST)-Darstellung.

Ein entscheidender Bestandteil der ST-Darstellung eines adaptiven Systems ist die Formulierung der drei Funktionen, die es dem System erlauben, sich selbst im Hinblick auf die Erreichung des Gestaltungsziels zu verändern.

5.1.1.3.1 Identifikationsfunktion

Die Aufgabe der Identifikationsfunktion ist es, den Betriebszustand und die wesentlichen Arbeitsbedingungen zu ermitteln, die für die Gestaltung des Systems wichtig sind. Die Identifikation muß während des Betriebs des Systems (on-line) erfolgen, ohne diesen entscheidend zu beeinträchtigen.

Die on-line durchgeführte Aktualisierung des Wissens über das System erfordert, daß sie nicht als Totalerhebung zu jedem Zeitpunkt vorgenommen wird, sondern inkrementell, aufbauend auf bereits vorhandenem Wissen früherer Zeitpunkte. In vielen Fällen läßt sich die Identifikation für diskrete Zeitpunkte rekursiv formulieren

$$w(t_k) = w(t_{k-1}) + \Delta w(t_{k-1} \mid t_k) \tag{1}$$

wobei $w(t_k)$ und $w(t_{k-1})$ das Wissen über das System zu den Zeitpunkten t_k bzw. t_{k-1} mit $t_k > t_{k-1}$ und $\Delta w(t_{k-1} \mid t_k)$ den Wissenszuwachs zwischen t_k und t_{k-1} repräsentieren.

5.1.1.3.2 Entscheidungsfunktion

Die Entscheidungsfunktion beinhaltet die eigentliche Systemgestaltungsaufgabe. Hierzu müssen das Gestaltungsziel sowie ein Zielerreichungsmaß explizit oder implizit vorhanden sein. Die Entscheidungsfunktion verwendet das durch die Identifikation erhaltene aktuelle Wissen über das System und wendet Gestaltungswissen als Strategie, Algorithmus oder Regelwerk an. Sie wird wie die Identifikation on-line während des Betriebs wahrgenommen.

5.1.1.3.3 Modifikationsfunktion

Die Modifikationsfunktion realisiert das Ergebnis aus der Entscheidungsfunktion durch Veränderung des Systems. Auch die Modifikationsfunktion wird in der Regel on-line während des Betriebs des Informationssystems wahrgenommen. In einem

Electronic Mail System im Büro kann zum Beispiel das Teilnehmerverzeichnis oder eine Versandliste verändert werden.

5.1.2 Wissenschaftstheoretische Einordnung des adaptiven Ansatzes

Der adaptive Ansatz läßt sich in das Systemparadigma der Systemtheorie einordnen. Dieses Systemparadigma (systems paradigm) ist ausgerichtet auf Gestaltung, Verbesserung und Umsetzung im ingenieurmäßigen Sinn (vgl. VAN GIGCH und PIPINO /159/, CHECKLAND /22/). Es steht im Gegensatz zum Wissenschaftsparadigma (science paradigm), das auf Erkenntnis und Beobachtung ausgerichtet und durch ein reduktionistisches Vorgehen gekennzeichnet ist. Reduktionistisches Vorgehen versucht, Eigenschaften eines Ganzen an nur einem Teil isoliert von anderen Zusammenhängen zu untersuchen. Im Systemparadigma dagegen wird ein Ganzes als in hierarchischer Weise aus Komponenten aufgebaut verstanden. Dabei kann dieses Ganze selbst wieder ein Teil eines größeren Ganzen sein. Die Systeme auf jeder dieser Hierarchieebenen besitzen Eigenschaften, die durch das Zusammenwirken der Komponenten entstehen (vgl. das Prinzip der Hierarchie und Emergenz in CHECKLAND /22/), nicht aber in den Komponenten vorhanden sind. Aus diesem Grund kann das reine Wissenschaftsparadigma zur Erklärung und insbesondere zur Gestaltung komplexer Zusammenhänge nicht immer geeignet sein.

Zwei wesentliche Prinzipien neben Hierarchie und Emergenz, die das Funktionieren von Systemen erklären helfen, sind Kommunikation und Lenkung (vgl. CHECKLAND /22/). Während Hierarchie und Emergenz Prinzipien der UC-Darstellung sind, beschreiben Kommunikation und Lenkung das dynamische Zusammenspiel und den Informationsaustausch zwischen den Systemteilen auf und über alle Ebenen. Im folgenden dieser Arbeit wird daher speziell auf Kommunikation und Lenkung eingegangen.

VAN GIGCH und KRAMER /158/ haben einen Versuch unternommen, eine Taxonomie der Systemtheorie zu erstellen. Mit Hilfe zweier binärer orthogonaler Dimensionen werden systemtheoretische Arbeiten in vier Bereiche eingeteilt (siehe Bild 9). Die Systemphilosophie, vertreten von CHURCHMAN /23/, ZELENY /169/ und MATURANA /98/, beschäftigt sich mit der Schaffung einer allgemeinen Systemtheorie. Vertreter der Theorie lebender Systeme sind z.B. ASHBY /5/, BEER /10/ und EMERY und TRIST /33/. Diese Theorie versucht, auf empirischem Wissen aufzubauen und die allgemeine Systemtheorie auf reale Probleme, besonders der Sozialwissenschaften, anzuwenden. Die axiomatische Systemtheorie hat zum Ziel, mathematische Modelle zu formulieren, mit denen die Realität repräsentiert, simuliert und erklärt werden kann. Vertreter sind unter anderem WIENER /166/, KALMAN /72/, ÅSTRÖM /6/, GIBSON /41/, NEWELL und SIMON /112/. Die Systemmethodologie ist pragmatisch orientiert. Konzepte der Systemtheorie werden angewandt, um Methoden zu entwickeln, reale Systeme zu gestalten und zu lenken. Vertreter der Systemmethodologie sind ACKOFF /1/, CHECKLAND /22/, GOMEZ, MALIK und OELLER /44/.

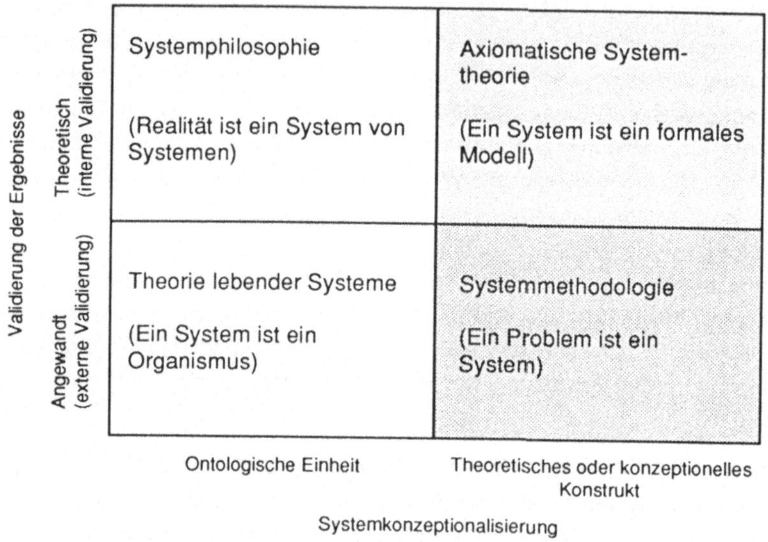

	Ontologische Einheit	Theoretisches oder konzeptionelles Konstrukt
Theoretisch (interne Validierung)	Systemphilosophie (Realität ist ein System von Systemen)	Axiomatische Systemtheorie (Ein System ist ein formales Modell)
Angewandt (externe Validierung)	Theorie lebender Systeme (Ein System ist ein Organismus)	Systemmethodologie (Ein Problem ist ein System)

Validierung der Ergebnisse

Systemkonzeptionalisierung

Bild 9: Taxonomie der Systemtheorie (vgl. VAN GIGCH und KRAMER /158/)

Der in dieser Arbeit vorgeschlagene adaptive Ansatz zur Gestaltung verteilter Informationssysteme ist der axiomatischen Systemtheorie zuzuordnen. Er gründet auf die Arbeiten ÅSTRÖMS /6/ und GIBSONS /41/ und stellt ein Modell zur Beschreibung selbstanpassender Informationssysteme zur Verfügung.

Die im folgenden Kapitel 6 entwickelte Systemarchitektur für das Management verteilter Informationssysteme kann der Systemmethodologie zugerechnet werden. Für ein reales Problem, Gestaltung und Management verteilter Informationssysteme, wird mit Hilfe eines Systemansatzes eine Lösung entwickelt.

5.2 Anwendung des adaptiven Ansatzes

5.2.1 Der Prozeß im Informationssystem

Um Grundformen adaptiver Anpassung verteiter Informationssysteme gegeneinander abgrenzen zu können, müssen zunächst die dafür notwendigen Merkmale des Prozesses im Informationssystem betrachtet werden. Bei den Vorgängen in einem Informationssystem kann zwischen den wertschöpfenden Tätigkeiten und den Tätigkeiten, die die Funktionsfähigkeit des Arbeitssystems schaffen bzw. erhalten, wie Gestaltung, Wartung und Systemmanagement, unterschieden werden. Unter dem Prozeß im Informationssystem werden die Summe der wertschöpfenden Abläufe und Tätigkeiten zur informationstechnischen Leistungerstellung verstanden. Er kann in Unterprozesse gegliedert sein. Beispiele für Bestandteile dieses Prozesses sind: die Abwicklung eines Kundenauftrags, die Erstellung von Arbeitsplänen, die Änderung von Konstruktionen, die Lagerbestandsführung und die Materialdisposition.

Bei der Leistungserstellung sind neben den ausführenden (und damit direkt wertschöpfenden) Tätigkeiten auch steuernde und regelnde notwendig. Beispiele für steuernde Tätigkeiten sind Produktionsfreigabe eines neuen Produkts und Arbeitszuteilung zu Sachbearbeitern. Beispiele für regelnde Tätigkeiten sind Liquiditätsregelung durch Beinflussung von Zahlungsbedingungen, Lieferanten- und Bankkrediten, Kapazitätsauslastungsregelung durch Auswahl von Eigenfertigung bzw. Fremdbezug ("verlängerte Werkbank"). Um steuernde und regelnde Tätigkeiten einheitlich im Sinne des englischen Begriffs "control" bezeichnen zu können, soll der Begriff Lenkung als gemeinsamer Oberbegriff wie bei GOMEZ, MALIK und OELLER /44/ verwendet werden. Die Lenkung des Systems wird nach BEER /11/ als intrinsisches Prinzip verstanden:

"Das erste Grundgesetz lautet, daß der Regler stets ein Teil des Systems ist. Er wird dem System nicht von höherer Stelle aufgezwungen, die ihm dann organisatorische und führungstechnische Vorrechte einräumt. In jedem Natursystem (...) ist die Regelfunktion auf die Gesamtstruktur des Systems verteilt. Sie ist überhaupt kein identifizierbares Etwas, doch läßt die Verhaltensweise des Systems auf ihr Vorhandensein schließen" (BEER /11/).

Bild 10 zeigt ein einfaches Blockschaltbild, in dem die Aufspaltung des Systems in einen lenkenden und gelenkten Teil vorgenommen ist. Die Unsicherheit, die aus gestalterischer Sicht mit dem System verknüpft ist, wird mit dem gelenkten Teil verbunden. Der lenkende Systemteil dagegen ist bei künstlichen (und damit auch bei technischen) Systemen bekannt.

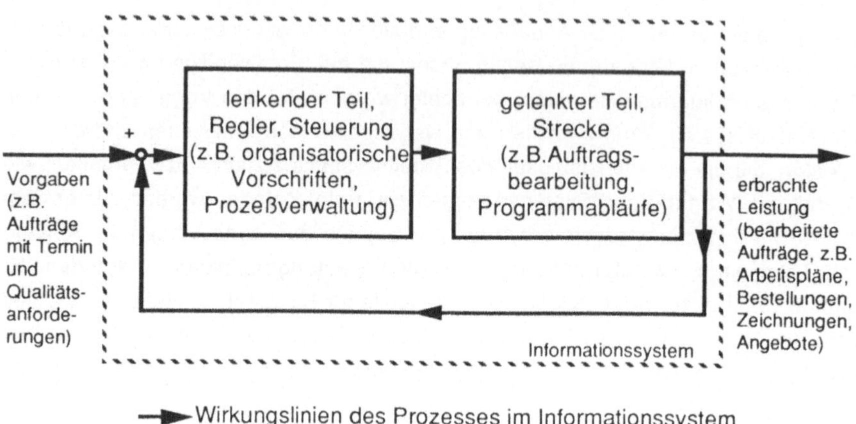

Bild 10: Aufspaltung eines Informationssystems in einen lenkenden und einen gelenkten Teil

5.2.2 Grundformen adaptiver Systeme

In der Literatur werden zwei Grundformen der Adaption technischer Systeme unterschieden (vgl. SARIDIS /129/, ÅSTRÖM /6/). Zum einen kann die Unsicherheit über die Eigenschaften eines Systems mit Hilfe einer expliziten Identifikation eines parametrierten Systemmodells reduziert werden. Diese Form wird parameter- adaptiv genannt. Zum anderen kann die Unsicherheit, die direkt mit der Verbes- serung der Leistung des Systems verbunden ist, reduziert werden. Diese Form wird leistungsadaptiv genannt. Daneben existieren komplexe Regelsysteme, in denen der Regler in Abhängigkeit von im Betrieb gemessenen Zustandsgrößen, den Instrumentalvariablen, verändert wird. Dies kann als Vorstufe eines adaptiven Systems betrachtet werden. Systemanpassung über Instrumentalvariablen wird als Grundform behandelt, um eine einheitliche Darstellung zu erreichen.

Zunächst werden die Systemanpassung über Instrumentalvariablen und daran anschließend die parameteradaptive und die leistungsadaptive Systemgestaltung betrachtet, um sie bezüglich Gestaltung und Management verteilter Informations- systeme beurteilen zu können.

5.2.2.1 Systemanpassung über Instrumentalvariablen

Bei der Systemanpassung über Instrumentalvariablen wird angenommen, daß Variablen im System definiert werden können, die mit der Änderung der Systemdynamik korreliert sind. Für das Netzwerkmanagement eines verteilten Informationssytems im technischen Büro könnten dies zum Beispiel der Auftragsbestand, die Tageszeit oder der Wochentag sein. Die Gestaltung des Lenkungssystems kann dann in Abhängigkeit der im System zusätzlich gemessenen Instrumentalvariablen während des Betriebs des Systems erfolgen (vgl. Bild 11).

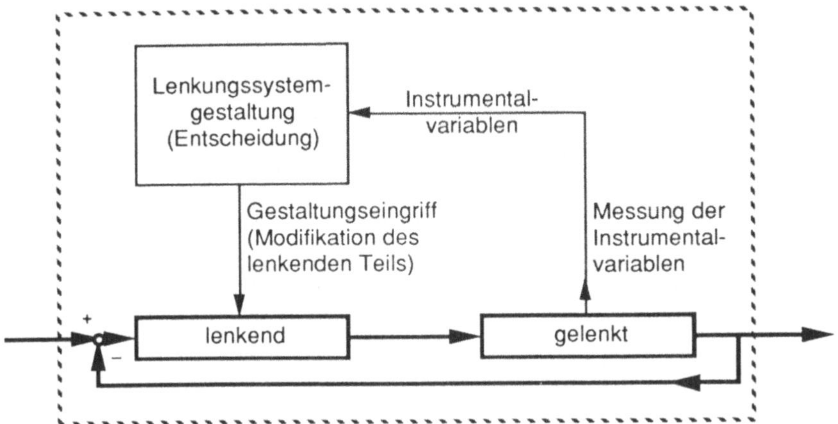

Bild 11:   Struktur der Systemanpassung über Instrumentalvariablen

Die Instrumentalvariablen und die Abhängigkeit der Systemeigenschaften von diesen Instrumentalvariablen müssen aus der Struktur des Systems abgeleitet werden. Dies setzt ein genaues Verständnis des betrachteten Prozesses voraus und erfordert die experimentelle oder simulative Ermittlung der funktionalen Abhängigkeit der Lenkungsparameter von den Instrumentalvariablen.

Die bei Systemanpasssung über Instrumentalvariablen verwendete Systemstruktur (vgl. Bild 11) kann in zwei Kreise eingeteilt werden. Der innere ist der rückgekoppelte Kreis des Prozesses im Informationssystem, der äußere ist ein offener Steuerkreis, der die Lenkungssystemgestaltung realisiert. Da die Anpassung in einem offenen Kreis erfolgt, kann ihre Qualität im Betrieb nicht optimiert werden, insbesondere können Fehler des Modells der funktionalen Abhängigkeit nicht kompensiert werden. Die Qualität dieser Anpassungsform hängt also von zwei Faktoren ab: von der Korrelation der Instrumentalvariablen mit den sich verändernden

Systemeigenschaften und von der Güte der ermittelten Abhängigkeit der Lenkungsparameter von den Instrumentalvariablen.

5.2.2.2 Parameteradaptives System

Bild 13 zeigt den prinzipiellen Aufbau eines parameteradaptiven Systems. Es besteht aus zwei Rückkopplungskreisen. Der innere ist der Prozeß im Informationssystem, der äußere ist der Adaptionskreis. In diesem Adaptionskreis wird eine auf Messungen im System gestützte Identifikation des gelenkten Teils durchgeführt. Aufbauend auf der Beschreibung des Systems im Identifikationsmodell kann die Lenkungssystemgestaltung (Entscheidungsfunktion) erfolgen und deren Ergebnis realisiert werden (Modifikationsfunktion).

Dem parameteradaptiven System liegt eine analytische Sichtweise zugrunde. Das Wissen über das System ist in einem Systemmodell repräsentiert (Situationsabbild). Das Gestaltungsproblem ist demnach entsprechend der Frage formuliert: Wie muß das Lenkungssystem gestaltet werden, wenn eine bestimmte Situation vorliegt? Das Gestaltungswissen der Entscheidungsfunktion kann so formuliert werden, wie es von der Gestaltung bekannter, zeitlich konstanter Systeme bekannt ist ("underlying design problem") (vgl. ÅSTRÖM /6/).

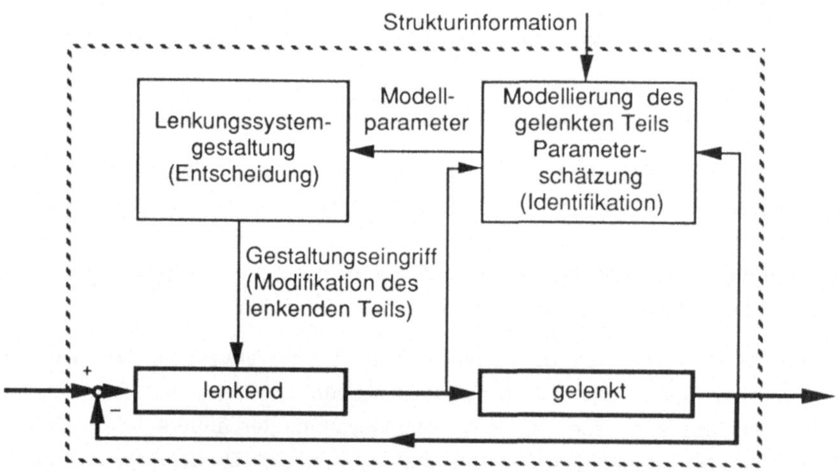

Bild 12:   Struktur des parameteradaptiven Systems

Bei der parameteradaptiven Anpassung unterscheidet man im Systemmodell zwischen Parametern und Variablen. Die Variablen beschreiben den aktuellen Zustand und die explizit modellierte Dynamik des Systems. Die Parameter dagegen beschreiben sich gegenüber den Zustandsgrößen (Variablen) sehr langsam verändernde Größen. Die zeitliche Änderung der Systemparameter wird im Modell nicht repräsentiert. Eine langsame Veränderung der Parameter des realen Systems ist die Voraussetzung für die Einsetzbarkeit des parameteradaptiven Gestaltungsansatzes. Zum einen muß die Identifikationsfunktion der Veränderung der Parameter folgen können; zum anderen ist der Ansatz des "underlying design problems" nur zulässig, wenn zu einem Zeitpunkt, an dem eine Gestaltungsänderung vorgenommen wird, davon ausgegangen werden kann, daß ein quasistationäres System vorliegt und das momentane Identifikationsmodell das System daher ausreichend beschreibt.

Ein Beispiel für parameteradaptives Gestalten ist die Konfigurierung von Arbeitsstationen und Diensten in einem verteilten Informationssystem. Der Parametervektor im Systemmodell sei die Prozessorlast für jede Arbeitsstation, die niedrig, mittel oder hoch sein kann. Wenn nun bekannt ist, daß ein Dienst 6 hochbelastete, 8 mittelbelastete oder 10 niedrigbelastete Arbeitsstationen bedienen kann (vgl. SUN /152/), kann bei jeder aktualisierten Parameterschätzung über die Belastung der Arbeitsstationen überprüft werden, ob eine Umkonfigurierung vorgenommen werden soll.

5.2.2.3 Leistungsadaptives System

Dem leistungsadaptiven System liegt eine verhaltensorientierte Sichtweise zugrunde. Die Funktion und die Leistung des Systems werden explizit formuliert (vgl. Bild 13). Ein Leistungsbewerter, der die Qualität des Systems hinsichtlich des Leistungsmaßes on-line bestimmt, nimmt die Identifikation des Systems wahr. In Abhängigkeit der Leistungserfüllung des Systems wird das Lenkungssystem des Prozesses im Informationssystem so verändert, daß die vorgegebenen Leistungsziele besser erfüllt werden. Der Adaptionskreis ist also über ein Leistungsmaß rückgekoppelt. Dieser Ansatz verzichtet auf eine analytische Modellierung des Prozesses im Informationssystem und kann daher auch dann eingesetzt werden, wenn a priori nur wenig Information vorliegt. Liegt diese Information jedoch vor, so ist dieser Ansatz zu aufwendig und kann sich leistungsmindernd auswirken.

Der Einsatz eines leistungsadaptiven Systems setzt voraus, daß für den konkreten Anwendungsfall ein Leistungsmaß für die Systemgestaltung formuliert werden kann. Dies ist für schlecht quantifizierbare Problemstellungen und für Mehrgrößen-Entscheidungsprobleme bei Gestaltung und Management verteilter Informationssysteme schwierig.

Bei der Gestaltung des Lenkungssystems ist eine Art von Wissen nötig, das die folgende Frage beantwortet: Wie muß das Lenkungssystem verändert werden, um die Leistung vom augenblicklichen Wert zum Leistungssoll zu führen? Hierzu können Optimierungsverfahren eingesetzt werden.

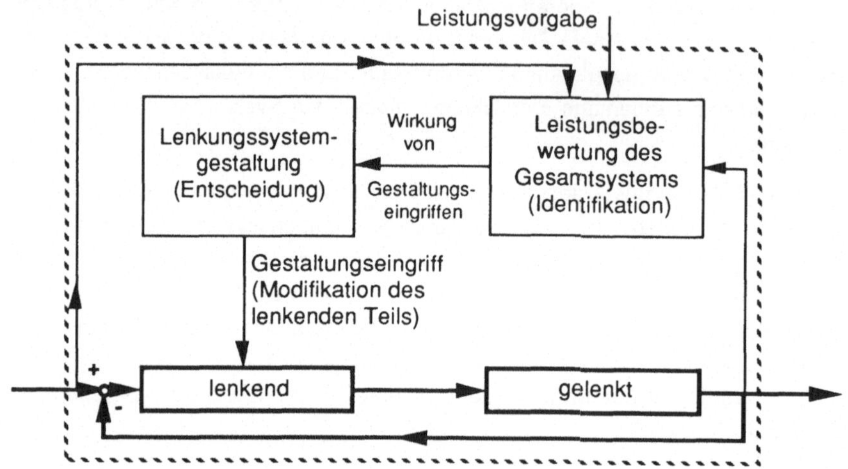

Bild 13:   Struktur des leistungsadaptiven Systems

Beispiele für Leistungsmaße eines verteilten Informationssystems im technischen Büro sind die Antwortzeiten bei komplexen Operationen in CAD-Programmen, z.B. Rotation eines Körpers, Antwortzeiten bei Finite-Elemente-Berechnungen, Verarbeitungszeiten für Druck- und Zeichenaufträge, die Systemverfügbarkeit oder die Größe des benötigten externen Speichers.

5.2.2.4 Vergleichende Darstellung der Grundformen

Die wesentlichen Merkmale zum Vergleich adaptiver Systeme sind die Systembetrachtung, der Anpassungskreis, das Gestaltungsziel, das a priori benötigte Wissen über das System, das Gestaltungswissen und das Systemmodell.

Bild 14 enthält eine Tabelle der Ausprägungen der oben beschriebenen Grundformen für die einzelnen Merkmale.

5.2.3 Beurteilung der Grundformen adaptiver Systeme

Die oben beschriebenen Grundformen müssen im Hinblick auf die in Abschnitt 3.5 als Prämissen formulierten Anforderungen und auf das in Abschnitt 3.1 charakterisierte Gestaltungsproblem beurteilt werden. Hierzu werden die Merkmale der

Grundformen adaptiver Systeme den Prämissen und Problemeigenschaften gegenübergestellt.

Bei der Systemanpassung über Instrumentalvariablen muß ein explizites, funktionales Systemmodell vorhanden sein, das die Instrumentalvariablen zur Systemdynamik in Beziehung setzt. Dieses muß im voraus ermittelt werden und kann nicht inkrementell verbessert werden (vgl. Prämisse 3 in Abschnitt 3.5). Da ein offener Steuerkreis verwendet wird, können Fehler des funktionalen Zusammenhangs nicht erkannt und korrigiert werden. Dies ist die wesentlichste Einschränkung, die diesen Ansatz zur Gestaltung und zum Management verteilter Informationssysteme wenig geeignet erscheinen läßt. Es muß davon ausgegangen werden, daß in einem offenen, verteilten Informationssystem solche funktionalen Zusammenhänge nicht vollständig bekannt bzw. Änderungen unterworfen sind (vgl. Prämissen 2 und 7 in Abschnitt 3.5).

Adaptions-Form / Merkmal	Systemanpassung über Instrumentalvariablen	parameter-adaptives System	leistungs-adaptives System
System-betrachtung	deterministisch	analytisch	verhaltens-orientiert
Anpas-sungskreis	offene Steuerung	Rückkopplung über System-beschreibung	Rückkopplung über Leistungs-maß
Gestaltungs-ziel	implizit	implizit	explizit
a priori Wissen über das System	hoch (Struktur und dynamische Abhängigkeiten)	mittel (Struktur)	gering
Gestaltungs-wissen	fest implementiert in funktionaler Abhängigkeit von den Instrumentalvariablen	explizit (z.B.Regeln: wenn Situation, dann Gestaltungsaktion)	implizit (dynamische Ermittlung des Zusammenhangs zwischen Gestaltungsvarianten und Systemleistung)
System-modell	explizit funktional	explizit deskriptiv	implizit

Bild 14:   Eigenschaften adaptiver Systeme

Im parameteradaptiven System erfolgt die Rückkopplung über eine dynamisch ermittelte, situative Systembeschreibung. Diese Systembeschreibung ist ein reduziertes, analytisches Modell, das sehr gut mit den Beschreibungen übereinstimmt, wie sie in situativen, organisatorischen Gestaltungsansätzen (vgl. Abschnitt 3.1 sowie GROCHLA /46/) verwendet werden. Die wesentliche Problematik der Anwendung des parameteradaptiven Ansatzes für die Gestaltung und das Management von Informationssystemen liegt darin, geeignete Beschreibungsmodelle und -parameter zu wählen und Gestaltungsregeln zu erarbeiten. Dies sind dieselben Aufgaben, wie sie beim phasenorientierten Projektansatz vorliegen. Ein solches parameteradaptives Vorgehen kann daher als Erweiterung des Projektansatzes verstanden werden, da sowohl die explizite, situative Systembeschreibung als auch die Formulierung des Gestaltungswissens den Darstellungen im Projektansatz entsprechen.

Der parameteradaptive Ansatz erscheint somit gut geeignet für die Gestaltung und das Management verteilter Informationssysteme. Er läßt einen menschlichen Gestalter im Adaptionskreis zu, dessen Aufgaben umso mehr reduziert werden können, je mehr sich das Gestaltungswissen formalisieren und in einem Rechnerwerkzeug programmieren läßt (vgl. Prämisse 10 in Abschnitt 3.5).

Beim leistungsadaptiven Ansatz erfolgt die Rückkopplung direkt über ein Leistungsmaß, dessen Größe während des Systembetriebs ermittelt werden muß. Bestehende Kenntnisse über das verteilte Informationssystem und das Anwendungsgebiet im Arbeitssystem können hierbei nur in geringem Umfang verwertet werden (vgl. Prämissen 4 und 5 in Abschnitt 3.5). Da beim Einsatz verteilter Informationssysteme die Leistungsziele hauptsächlich in bezug auf die Anwendung definiert und häufig multivariat oder mehrdeutig sind, ist die exakte Formulierung und Messung eines Leistungsmaßes schwierig (vgl. Abschnitt 3.1). Der leistungsadaptive Ansatz kann daher kein vorherrschender Mechanismus zur Informationssystemgestaltung sein. In begrenzten Teilbereichen kann er jedoch angewandt werden. Ein Beispiel hierfür ist der "hire-and-fire"- Mechanismus von ZEIGLER und REYNOLDS /168/ zur Schaltung von Echtzeitprozessoren.

Zusammenfassend kann festgestellt werden, daß der parameteradaptive Ansatz das beste Eigenschaftsprofil für die Gestaltung und das Management verteilter Informationssysteme besitzt und daher vorrangig eingesetzt werden sollte. Der leistungsadaptive Ansatz erscheint für die Teilbereiche sinnvoll, für die keine Gestaltungsheuristiken vorliegen und in denen eine aktive Variation der Gestaltungsparameter während des Betriebs vertretbar ist. Die Anpassung über Instrumentalvariablen ist wenig geeignet, da entscheidende Prämissen nicht erfüllt sind.

6 SYSTEMARCHITEKTUR DER GESTALTUNGS- UND MANAGEMENTWERKZEUGE

Da verteilte Informationssysteme offen sein müssen (vgl. Prämisse 7 in Abschnitt 3.5), kann man bei deren Gestaltung und Management nicht davon ausgehen, daß alle Systembestandteile bekannt sind und beeinflußt werden können. Vielmehr müssen begrenztes Wissen und begrenzter Einfluß unterstellt werden. Um die Grenzen des Einflusses quantifizieren zu können, wird das Konzept der "Domäne" eingeführt (vgl. zum Begriff der Domäne HERBERT und MONK /52/, SLOMAN /145/). Eine Managementdomäne wird hier definiert als die Menge der Systembestandteile, die von einer Managementinstanz kontrolliert werden. Wenn im folgenden eine Managementdomäne betrachtet wird, können neben dieser noch weitere existieren.

6.1 Hierarchische Gliederung der Gestaltungs- und Managementwerkzeuge

Es werden hierarchisch gegliederte Grundaufgaben der Arbeitssystemgestaltung definiert, um die Komplexität der Gestaltung und des Managements verteilter Informationssysteme zu reduzieren (vgl. Prämisse 9 in Abschnitt 3.5). Die Grundaufgaben bilden dabei ein sogenanntes Multiechelonsystem (vgl. zum Begriff MESAROVIC, MACKO und TAKAHARA /104/), das die Makrostruktur der Gestaltung verteilter Informationssysteme repräsentiert. Die Grundaufgaben werden einheitlich als Entscheidungsprozeß betrachtet. Dies ist die Mikrostruktur der Gestaltung verteilter Informationssysteme.

6.1.1 Die Grundaufgaben und ihre Beziehungen - Makrostruktur der Gestaltung

Bei der Arbeitssystemgestaltung werden bezüglich des verteilten Informationssystems fünf Grundaufgaben unterschieden. Hier werden die bereits in Abschnitt 4.2.1 eingeführten Grundaufgaben um die des Sicherheitsmanagements ergänzt. Das *Sicherheitsmanagement* bestimmt die Zugriffsrechte und -verfahren, die Sicherheitstechniken, wie z.B. Verschlüsselung, sowie die Einteilung des Systems in Sicherheits- und Managementdomänen.

Bild 15 zeigt den Zusammenhang der Grundaufgaben. Zwischen den Grundaufgaben bestehen zwei Arten von Beziehungen: die Vorgabe von *Anforderungen* sowie die Meldung potentieller *Fähigkeiten* und des *Zustands*. Die dominierende Koordinationsbeziehung ist die Vorgabe von Anforderungen, die die hierarchische

Ordnung der Grundaufgaben bestimmt. Zum Beispiel gibt die Informationssystemgestaltung die räumliche Verteilung der benötigten Rechner, die benötigten Programme, den erwarteten Informationsfluß und die Benutzungshäufigkeit für die Konfigurierung des Informationssystems vor.

Die Beziehungen zwischen den Grundaufgaben sind jedoch nicht einseitig gerichtet. Um realistische und angemessene Anforderungen stellen zu können, müssen der aktuelle Zustand und die Änderungsmöglichkeiten (Fähigkeiten) berücksichtigt werden.

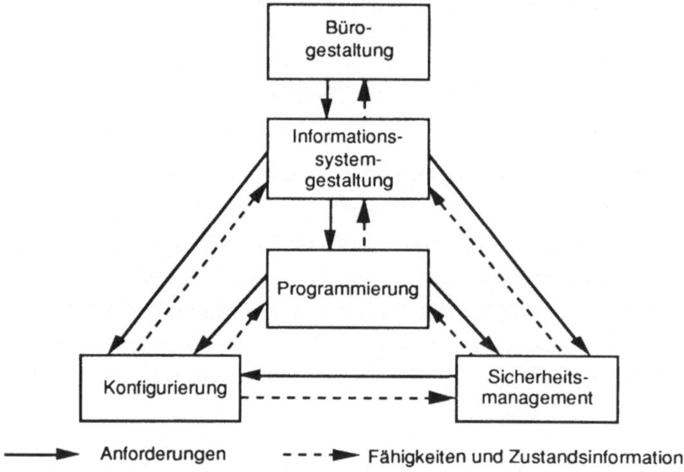

Bild 15: Grundaufgaben und ihre Koordinationsbeziehungen

Wegen der in beiden Richtungen bestehenden Beziehungen zwischen den Grundaufgaben lassen sich diese in einer konkreten Gestaltungssituation nicht sequentiell abarbeiten, sondern müssen parallel bearbeitet werden.

6.1.2 Grundaufgaben als Entscheidungsprozesse - Mikrostruktur der Gestaltung

Die oben eingeführten Grundaufgaben werden als lose gekoppelte Entscheidungsprozesse verstanden. Dabei wird für jede der Grundaufgaben das bereits in Abschnitt 4.2.1 eingeführte Modell eines Entscheidungsprozesses angewandt.

Die funktionalen Komponenten des Entscheidungsprozesses können den Funktionen eines adaptiven Systems direkt zugeordnet werden: Die Analyse korrespondiert mit der Identifikation. Lösungserstellung, Lösungsbewertung und Lösungsauswahl können der Entscheidungsfunktion zugeordnet werden. Die Implementierung entspricht der Modifikationsfunktion.

6.1.2.1 Informationssystemgestaltung

In Bild 16 sind die Beziehungen der Informationssystemgestaltung zu den anderen Grundaufgaben, zum verteilten Informationssystem und zur Umgebung des Arbeitssystems dargestellt. Von den nachgeordneten Grundaufgaben ist nur die Konfigurierung gezeigt, die Programmierung und das Sicherheitsmanagement sind analog zu behandeln.

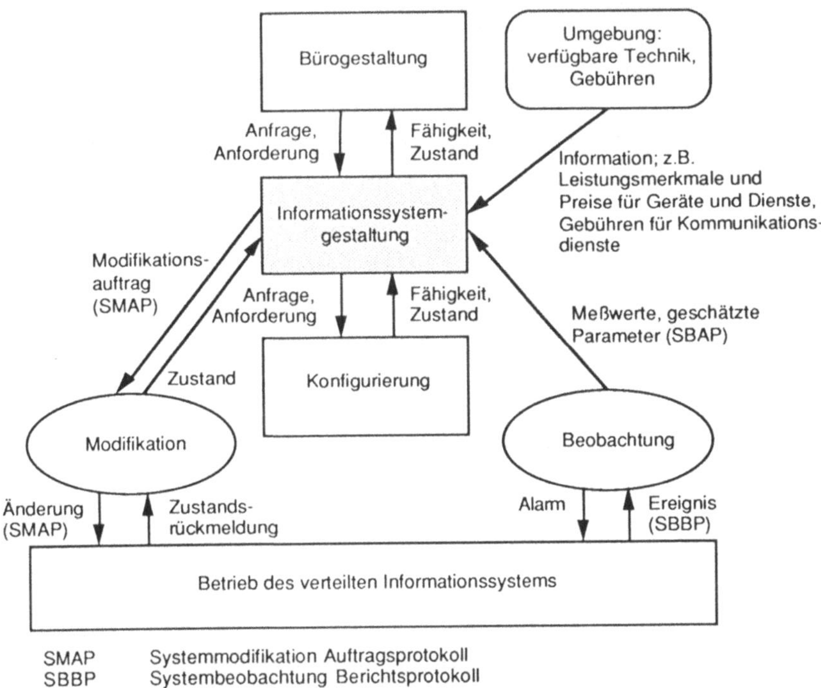

Bild 16:   Schemabild der Informationssystemgestaltung

Die funktionale Entscheidungskomponente Analyse der Informationssystemgestaltung (vgl. Abschnitt 4.2.1) hat mehrere Informationsquellen. Im Informationssystem werden für die Gestaltung wichtige Informationen gemessen, die für die Modellidentifikation bestimmt sind (Beobachtung). Informationen über die betrieblichen Abläufe, die nicht im Informationssystem gesammelt werden können, müssen vom Organisator selbst im Rahmen der Bürogestaltung erfaßt werden. Informationen über verfügbare technische Einrichtungen wie Informationssystem-komponenten und Programme sowie Tarife und Gebühren für Kommunikation kommen aus der Umgebung des Arbeitssystems.

Bei der Lösungserstellung und der Lösungsbewertung werden Informationen über die Leistungsfähigkeit und die Kosten des Informationssystems benötigt, die erst durch die Konfigurierung festgelegt sind. Daher ist eine Zusammenarbeit mit der Konfigurierung und entsprechend mit den anderen nachgeordneten Grundaufga-ben erforderlich.

Die Implementierung der Gestaltungsentscheidungen kann über mehrere Wege erfolgen. Zum einen können direkt im Informationssystem Änderungen vorgenom-men werden (Modifikation). Zum anderen können Anforderungen an die hierar-chisch nachgeordneten Grundaufgaben (Konfigurierung, Programmierung, Sicher-heitsmanagement) gegeben werden. Wenn physische Änderungen vorgenommen werden müssen wie z.B. die räumliche Aufstellung von Komponenten, oder wenn organisatorische Anweisungen an Mitarbeiter erfolgen, wird die Implementierung vom Gestalter selbst vorgenommen.

6.1.2.2 Konfigurierung des Informationssystems

Die Beziehungen der Konfigurierung zum verteilten Informationssystem, zur Umge-bung des Arbeitssystems und zu den anderen Grundaufgaben sind analog zu denen der Informationssystemgestaltung, wie sie in Bild 16 dargestellt sind. Die Konfigurierung erhält Anforderungen von der Informationssystemgestaltung und versucht, diese zu erfüllen. Die Leistungsfähigkeit der angebotenen Konfiguration wird an die Informationssystemgestaltung zurückgemeldet. Diese muß prüfen, ob die Qualität der Konfiguration ausreichend ist. Gegebenenfalls müssen die Anfor-derungen modifiziert und eine andere Konfiguration erstellt werden.

6.1.2.3 Sicherheitsmanagement

Das Sicherheitsmanagement erhält wie die Konfigurierung seine Anforderungen von der Informationssystemgestaltung. Seine Beziehungen zum verteilten Informa-tionssystem, zur Umgebung des Arbeitssystems und zu den anderen Grund-aufgaben sind analog zu denen der Informationssystemgestaltung. Eine Beschrei-bung der Funktion des Sicherheitsmanagements findet sich in NESS et al. /110/.

6.1.2.4 Programmierung

Da keine für alle Situationen optimale Software-Entwicklungsmethode mit den ent-sprechenden Werkzeugen vorgeschlagen werden kann, muß hier auf die einschlägige vergleichende Literatur verwiesen werden (vgl. LOCKEMANN und MAYR /95/, OLLE, SOL und VERRIJN-STUART /120/).

Die Auswahl geeigneter Software-Entwicklungswerkzeuge hängt von mehreren Faktoren ab. Solche Faktoren sind z.B. die Art der Aufgaben, die mit dem Informationssystem gelöst werden sollen, die Anbindung an die Informationssystemgestaltung und die spezifischen Kenntnisse der Software-Entwickler. Diese Faktoren bestimmen die Art der Programmierung, z.B. funktionsorientiert, datenflußorientiert, geräteorientiert oder prozeßorientiert, und die Programmiersprache(n).

6.2 Modell- und Werkzeugarchitektur

Das oben eingeführte System aus lose gekoppelten Grundaufgaben wird mit Hilfe einer Modell- und Werkzeugarchitektur umgesetzt. Die Modellarchitektur ist dabei entsprechend den Prozessen der Grundaufgaben gegliedert. Für jede Grundaufgabe wird das verteilte Informationssystem modelliert. Auf diesen Modellen kann dann jeweils mit dem entsprechenden Gestaltungswissen operiert werden. Die Modelle sind wie die zugehörigen Grundaufgaben miteinander verknüpft, so daß eine hierarchische Modellarchitektur entsteht.

Zunächst wird die Modellarchitektur, die die Grundaufgaben und Werkzeuge verbindet, eingeführt. Daran anschließend wird die Realisierung der Identifikations- und Modifikationsfunktion im verteilten Informationssystem beschrieben. Die hierfür eingesetzten Werkzeuge können für alle Grundaufgaben benutzt werden und stellen einen zentralen Teil der Werkzeugarchitektur dar.

6.2.1 Modellebenen

Die Gliederung der Modellarchitektur erfolgt durch Einführung von Abstraktionsebenen. Dabei werden drei Ebenen unterschieden: die logische Modellebene, die physische Modellebene und die Komponentenebene. Es ergibt sich eine geschichtete Modellhierarchie.

Die *logische Modellebene* ist der Informationssystemgestaltung zugeordnet, die *physische* und die *Komponenten-Modellebenen* sind der Konfigurierung, der Programmierung und dem Sicherheitsmanagement zugeordnet. Jeder dieser Grundaufgaben sind ein eigenes physisches Modell und Komponentenmodell zugeordnet.

- Das logische Modell kennt nur die einzelnen Stellen im Büro, die vom verteilten Informationssystem unterstützt werden, aber nicht die genaue Zuordnung der Stellen zu Rechnern. Ebenso sind die logischen Kommunikationsbeziehungen zwischen den Stellen bekannt, nicht aber die dabei benützten Kommunikationsleitungen.

- Die physische Ebene beinhaltet für jede der drei Grundaufgaben ein Modell des Büros und des Informationssystems, das näher an den physischen Eigenschaften des Systems orientiert ist als das logische Modell. Zum Beispiel kennt das physische Modell der Konfigurierung die einzelnen Rechner des verteilten Informationssystems einschließlich der bestehenden Kommunikationsleitungen.

- Die Komponentenebene ist eine Verfeinerung der physischen mit Hilfe der Aggregationsabstraktion. Sie erleichtert die Modellierung wiederkehrender Teile und erlaubt einen modularen Modellaufbau.

Bild 17 zeigt die Modellebenen. Links steht das für die Identifikationsfunktion verwendete aktuelle Modell des laufenden Systems. Hiervon existiert jeweils nur eines. Es beschreibt die Systemstruktur und den Systemzustand für die jeweilige Grundaufgabe. Daneben können mehrere ähnliche Modelle existieren, die alternative Lösungen für die Lösungserstellung beinhalten. Die beschreibenden Modelle alternativer Lösungen müssen für die Lösungsbewertung in Beziehung zu einem Leistungsmaß gesetzt werden. Dies geschieht mit Hilfe der jeweiligen Werkzeuge für die Grundaufgaben (Lösungsbewertung). Das Resultat sind wertende Modelle der möglichen Lösungen, die als Grundlage zur Lösungsauswahl verwendet werden können.

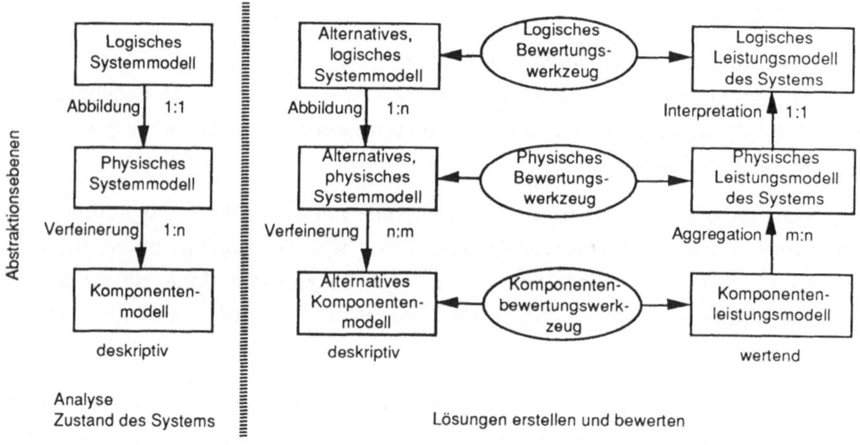

Bild 17: Die Modellebenen

Zwischen dem aktuellen logischen Modell und dem aktuellen physischen Modell besteht eine eineindeutige Abbildungsfunktion. Diese begründet sich damit, daß es jeweils nur ein aktuelles logisches und physisches Modell des bestehenden Systems gibt. Dagegen können gleichzeitig mehrere alternative logische Modelle bestehen, denen jeweils verschiedene alternative physische Modelle zugeordnet sind. Die Abbildung ist daher von der Art 1:n. Dies rührt daher, daß ein Systementwurf, wie er im logischen Modell beschrieben ist, in mehreren Konfigurationen realisiert werden kann (Freiheitsgrade der Konfigurierung). Die Verfeinerung vom physischen Modell zum Komponentenmodell ist im allgemeinen Fall von der Art n:m. Der Zusammenhang zwischen den beschreibenden Modellen und den entsprechenden Leistungsmodellen ist eineindeutig. Zu betonen ist, daß die Interpretation der Leistung vom physischen Modell zum logischen Modell die Auswahl des besten physischen Modells beinhaltet.

6.2.2 Interaktion der Gestaltung mit dem verteilten Informationssystem

Im allgemeinen Fall beziehen sich die Identifikation und die Modifikation bei der Gestaltung eines verteilten Informationssystems nicht in einer eineindeutigen Weise auf dasselbe Objekt im Informationssystem. Vielmehr gilt, daß bei der Gestaltung eine Information über Objekt A zu einer Modifikation von Objekt B führen kann. Die Objekte A und B können dabei räumlich getrennt sein. Dies impliziert, daß die Identifikations- und Modifikationsfunktionen architektonisch getrennt vorgesehen sein sollten.

Im folgenden werden Einrichtungen zur Systembeobachtung (Identifikationsfunktion) und zur Systemmodifikation (Modifikationsfunktion) für ein verteiltes Informationssystem entwickelt, die in einer objektorientierten Betrachtungsweise des Informationssystems beschrieben sind.

6.2.2.1 Management eines Objekts im verteilten Informationssystem

Ein für Gestaltung und Management wichtiger Bestandteil des verteilten Informationssystems wird als Objekt betrachtet, z.B. eine Hardware-Komponente, ein Anwendungsprogramm, ein Benutzer oder das Betriebssystem. Ein Objekt hat bestimmte feste und veränderbare Eigenschaften und Funktionen. Es steht mit seiner Umgebung, d.h. den anderen Objekten des Informationssystems und dem technischen Büro über eine Schnittstelle in Wechselwirkung. Der Inhalt des Objekts, insbesondere seine Bestandteile und innere Dynamik, sind vor seiner Umwelt verborgen. Die Schnittstelle des Objekts kann gemäß der Unterscheidung in wertschöpfende und gestalterische Interaktion (vgl. Abschnitt 5.2.1) in zwei Teile aufgeteilt werden: die Funktionsschnittstelle und die Managementschnittstelle (Bild 18).

Über die Funktionsschnittstelle kommuniziert das Objekt, um seine Funktion im System zu erfüllen. Bei einem Graphikmodul zur Bildschirmsteuerung in einer CAD-Arbeitsstation umfaßt diese Funktionsschnittstelle z.B. die Zeichenfunktionen, mit denen es gerufen werden kann (Rechteck::Initialisiere(x1, y1, x2, y2, Linie, Muster), Fenster::Zeichne(),...). Über die Managementschnittstelle berichtet das Objekt gestaltungsrelevante Daten und erhält Modifikationsaufträge.

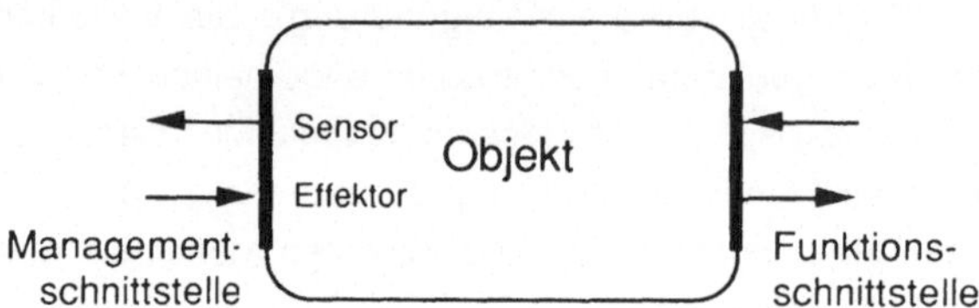

Bild 18:   Schnittstellen eines Objekts

Innerhalb des Objekts ist die Beobachtung mit Hilfe von Sensoren realisiert. Analog ist die Modifikation mit Hilfe von Effektoren im Objekt, die dessen Eigenschaften verändern können, realisiert.

6.2.2.2 Systembeobachtung

Die Systembeobachtung ist ein Dienst im verteilten Informationssystem, der Informationen für das Management des Informationssystems sammelt, aggregiert und dem Gestalter zur Verfügung stellt. Diese Informationen werden im laufenden Informationssystem ermittelt und dienen zur Bestimmung des aktuellen Systemzustands. Ausgehend von einem bekannten Zustand können gestalterische Eingriffe in das laufende Informationssystem erarbeitet werden, die die Leistungsfähigkeit des Informationssystems erhöhen sollen. Die gesammelte Information für die Gestaltung und das Systemmanagement wird im folgenden Identifikationsinformation genannt.

Die Systembeobachtung wird mit drei Arten von Komponenten realisiert: *Sensoren* in den Objekten zur Messung der Identifikationsinformation, *Systembeobachtungszentren* (System Observation Centers, SOCs) zur Aggregation und Speicherung der gesammelten Identifikationsinformation, sowie einem *verteilten Kommunikationsdienst* zur Übermittlung der Identifikationsinformation von den Sensoren zu den Systembeobachtungszentren sowie zwischen den SOCs.

6.2.2.2.1 Identifikationsinformation und Schnittstellen innerhalb der Systembeobachtung

Zwischen den Komponenten der Systembeobachtung bestehen zwei Arten von Schnittstellen: zwischen Sensor und SOC zur Meldung aktueller Meßdaten des Sensors (primäre Identifikationsinformation) und zwischen zwei SOCs zur Meldung aggregierter (sekundärer) Identifikationsinformation. Über beide Schnittstellen wird Identifikationsinformation in einer Richtung über den verteilten Kommunikationsdienst gemeldet.

In der Systembeobachtung können zwei Arten von Identifikationsinformationen entsprechend ihres Verwendungszwecks unterschieden werden: Statistiken und Alarme. Als *Statistik* wird diejenige Identifikationsinformation bezeichnet, die routinemäßig gemessen oder durch (statistische) Datenaggregation (Parameterschätzung) gewonnen wird, um das Zustandsmodell des verteilten Informationssystems zu aktualisieren. Beispiele für Statistiken sind: die mittlere Anzahl von Geschäftsvorgängen in einer Periode, der mittlere Belegungsgrad von Datenspeichern, die Datenkommunikationsrate zwischen Rechnern. Als *Alarm* wird diejenige Identifikationsinformation bezeichnet, die einen Zustand des Informationssystems beschreibt, der eine unmittelbare Reaktion der operativen Lenkung (Operator) erforderlich macht. In der Regel handelt es sich hierbei um einen Systemfehler. Beispiele für Alarme in verteilten Informationssystemen sind: Ein Datenspeicher ist voll, ein wesentlicher Kommunikationskanal ist unterbrochen, ein benötigtes Objekt in einem PPS-System ist unerreichbar. Alarme werden durch Prüfung vordefinierter Alarmbedingungen in den SOCs erzeugt. Sie werden sofort über den im Informationssystem vorhandenen Alarmmeldemechanismus an den Operator gemeldet. Darüberhinaus wird gegebenenfalls eine Statistik erzeugt, die das Auftreten des Alarms beschreibt. Sie wird wie gemessene Sensordaten in der Systembeobachtung weiterbehandelt. Die Unterscheidung zwischen einem Alarm und einer Statistik ist kontextabhängig. Eine Meldung, z.B. daß eine Kommunikationsleitung gestört ist, ist eine Statistik, solange nicht alle alternativen Kommunikationsleitungen ebenfalls gestört sind.

Für die Identifikationsinformation kann eine einheitliche Darstellungsform verwendet werden. Die Bestandteile der Identifikationsinformation sind die Angabe des Empfängers, die Angabe des Ursprungs, die Angabe über den Typ der Information, der Wert (die eigentliche Information) sowie ein Zeitstempel. Die Identifikationsinformation läßt sich demnach als 5-Tupel formulieren:

(Empfänger, Informationstyp, Ursprungssensor, Wert, Zeitstempel)

Der Wert der Identifikationsinformation ist je nach Typ eine einzelne Zahl oder eine komplexe Datenstruktur. Die Identifikationsinformation wird mit Hilfe des SBBP (Systembeobachtung Berichtsprotokoll) übermittelt (vgl. Anhang F). Da mit Hilfe der Systembeobachtung insbesondere zeitliche Entwicklungen verfolgt werden, senden die Sensoren in der Regel periodisch Daten aus. Die Abtastintervalle sind konstant, so daß Zeitreihenmodelle für die gemessenen Daten ermittelt werden können.

6.2.2.2.2 Hierarchie und Verteilung der Systembeobachtungszentren

Die Systembeobachtungszentren sind hierarchisch angeordnet und berücksichtigen die Aggregationsebenen in verteilten Informationssystemen. Die Meldungsstruktur der SOCs ist als gerichteter Graph aufgebaut, wobei ein SOC an mehrere andere SOCs berichten kann. Zirkelschlüsse sind nicht möglich. Bild 19 zeigt die Verknüpfung der Systembeobachtungszentren als gerichteter Graph. Die Pfeile geben die Richtung des Informationsflusses an.

Jeder Sensor im verteilten Informationssystem ist eindeutig identifiziert und berichtet an genau ein Systembeobachtungszentrum. Beim Einrichten eines Sensors muß dieser bezüglich seines Informationsempfängers und seines Meldeverhaltens konfiguriert werden. Hierzu muß der Sensor zwei Konfigurationsoperationen anbieten (Angabe in der Syntax der objekt-orientierten Programmiersprache C++):

```
Sensor::SetRecipient(char* recipient);
Sensor::SetReportTime(char* reptime);   für zeitgesteuerte Sensoren, bzw.
Sensor::SetReport(boolean on);          für ereignisgesteuerte Sensoren.
```

Der Name des Empfängers ist eindeutig in der Managementdomäne und wird in einer Tabelle des verteilten Kommunikationsdienstes verwaltet.

Sensoren und SOCs sind in sich nicht örtlich verteilt. Sie können auf jedem Rechner in verteilten Informationssystemen vorkommen. Da die Meldung von Identifikationsinformation über den verteilten Kommunikationsdienst erfolgt, können Sensoren und SOCs an entfernte SOCs Informationen weitergeben. Die sendenden Sensoren oder SOCs müssen hierbei nur den Namen des Empfängers angeben. Der Ort des Empfängers wird vom Kommunikationsdienst ermittelt, die Meldung erfolgt also ortstransparent. Die Meldeschnittstelle des verteilten Kommunikationsdienstes erfordert nur die Angabe des Empfängers und den Zeichenstrom bzw. die Zeichenkette der Meldung:

```
CommSyst::fobserv(char* recipient, char* message);
```

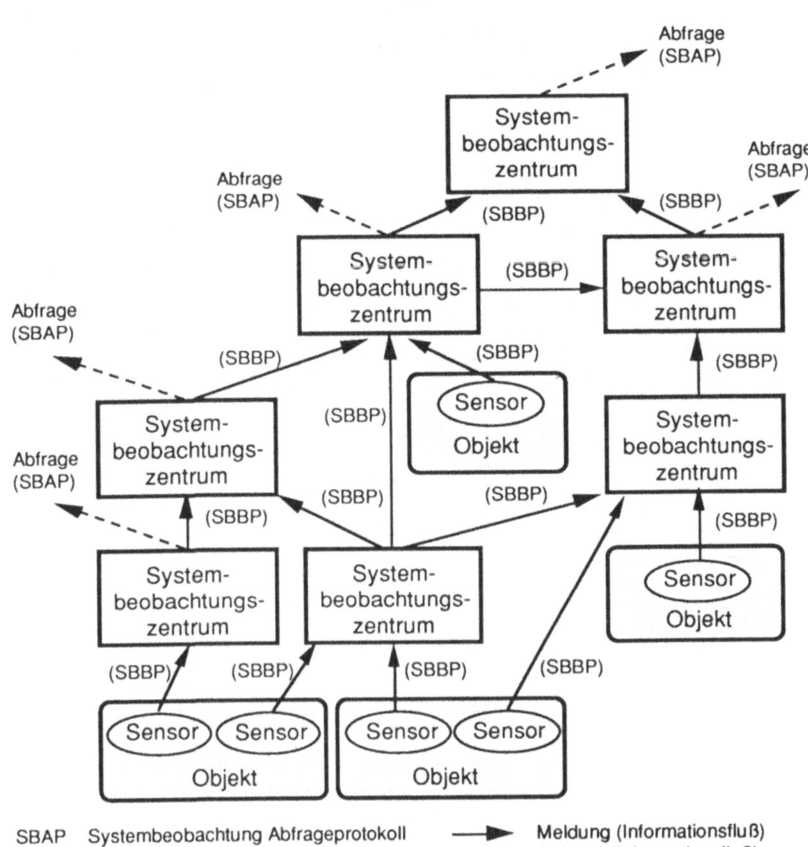

Bild 19:   Verknüpfung der Systembeobachtungszentren (gerichteter Graph)

6.2.2.2.3 Aufgabe und Struktur eines Systembeobachtungszentrums

Die Aufgabe eines Systembeobachtungszentrums ist es, Identifikationsinformationen von Sensoren oder anderen SOCs im verteilten Informationssystem zu empfangen und entsprechend eines Handlungsplans zu bearbeiten.

Ein Systembeobachtungszentrum kann auf 3 Arten mit anderen Komponenten im verteilten Informationssystem in Verbindung treten. Es kann selbst Identifikationsinformationen zu anderen, hierarchisch übergeordneten Systembeobachtungszentren senden. Es bietet eine Abfragemöglichkeit für andere Programme, die auf diese Weise die in Systembeobachtungszentren gespeicherten Informationen benützen können. Es kann Alarme, die auf der Hierarchieebene des Systembeobachtungszentrums entstehen, an die operative Lenkung aussenden.

Bild 20 zeigt die Struktur eines Systembeobachtungszentrums. Es besteht aus einer Kollektor- und Speicherkomponente, einer Statistikberichtskomponente sowie einer Alarmkomponente.

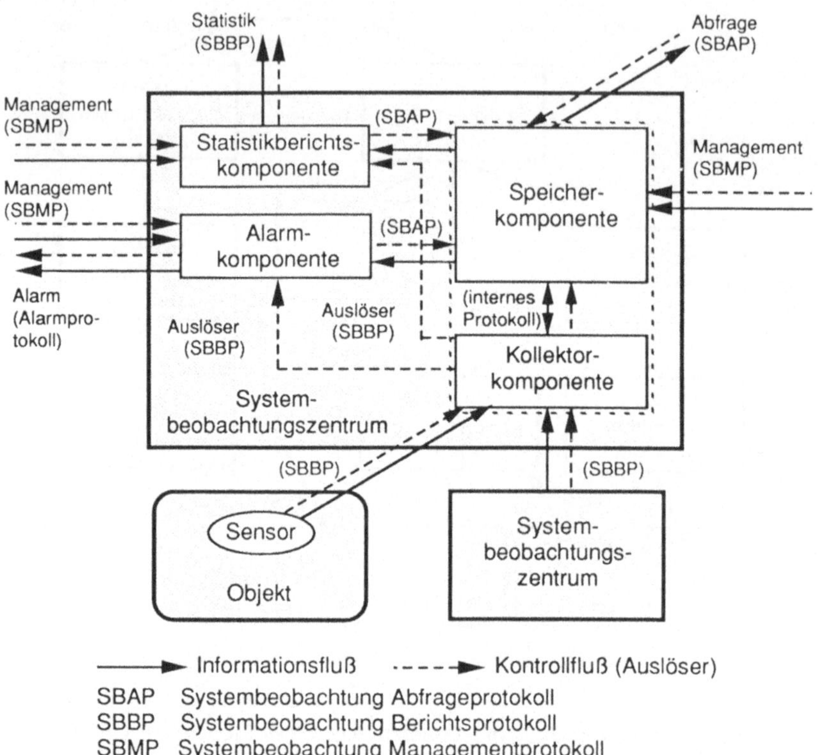

Bild 20:   Struktur eines Systembeobachtungszentrums

Die Kollektor- und Speicherkomponente erfüllt folgende Funktionen:

- Meßdaten von Sensoren und untergeordneten SOCs empfangen,
- Meßdaten aggregieren (insbesondere zeitlich aggregieren, Parameterschätzung),
- Aggregierte und gemessene Daten speichern,
- Bereitstellen einer Abfrageschnittstelle für die gespeicherten Daten,
- Auslösen der Alarmkomponente beim Eingang neuer Meßdaten.

Zur Erfüllung dieser Funktionen und zur Konfigurierung der Kollektor- und Speicherkomponente ist eine Schnittstelle mit folgenden Operationen erforderlich:

Update(Informationstyp, Zeitstempel, Ursprungsobjekt, Wert)
   für das Empfangen von Meßdaten (SBBP);
Query(Informationstyp, Zeitstempel, betr. Objekt, Frage)
   für die Abfrage (SBAP);
Init(Informationstyp, Zeitstempel, betr. Objekt, Startwerte) und
Remove(Informationstyp, Zeitstempel, betr. Objekt) für die Konfigurierung.

Die Statistikberichtskomponente erfüllt folgende Funktionen:

- Erstellen aggregierter Informationen aus den im SOC gesammelten Daten,
- Meldung dieser aggregierten Informationen (Bericht) an ein hierarchisch höheres SOC.

Diese Meldung erfolgt in der Regel zeitgesteuert, d.h. in periodischen Abständen werden die Meldungen erzeugt und abgeschickt. Zur Konfigurierung der Statistikberichtskomponente sind entsprechend folgende Operationen erforderlich (SBMP):
   SetReportTime(Berichtstyp, Zeitstempel, betr. Objekt, Berichtszeit),
   Init(Berichtstyp, Zeitstempel, betr. Objekt, Startwerte),
   Remove(Berichtstyp, Zeitstempel, betr. Objekt).

Die Alarmkomponente wird von der Kollektorkomponente bei Eintreffen neuer Informationen angestoßen. Sie prüft eine vorgegebene Menge von Alarmregeln ab und erzeugt gegebenenfalls einen Alarm für den Operator. Hierzu wird auf die Daten in der Kollektor- und Speicherkomponente zugegriffen. Die Konfigurierung erfolgt entsprechend der der Statistikberichtskomponente.

6.2.2.3 Systemmodifikation

Die Systemmodifikation ist ein Dienst im verteilten Informationssystem, mit dessen Hilfe Änderungen im Informationssystem vorgenommen werden können. Änderungen im Informationssystem werden vom Systemmanagement als gestalterische Eingriffe vorgegeben. Sie können aus mehreren Schritten zusammengesetzt sein und verschiedene, örtlich verteilte Objekte im Informationssystem betreffen. Beispiele für Änderungen sind die Verlegung eines Benutzerverzeichnisses oder eines Anwendungsprogramms von Rechner A nach Rechner B, die Verlegung von Druckerressourcen, der Neueintrag oder die Löschung eines Benutzers.

Die Systemmodifikation wird mit drei Arten von Komponenten realisiert: *Effektoren* in den Objekten des verteilten Informationssystems zur Veränderung dieser Objekte, *Systemmodifikationszentren* (System Control Centers, SCCs) zur Feinsteuerung der Änderungsaufträge und zur Ansteuerung der Effektoren, sowie einem verteilten

Dienst zur Auftragsübergabe und zum Aufruf untergeordneter Systemmodifikationszentren. Dieser Dienst sollte im Betriebssystem realisiert sein.

6.2.2.3.1 Modifikationsaufträge und Schnittstellen

Zwischen den Komponenten der Systemmodifikation bestehen zwei Arten von Schnittstellen: zwischen SCC und Effektor zur Ansteuerung des Effektors sowie zwischen zwei SCCs zur Vergabe von Unteraufträgen. Über beide Schnittstellen wird Modifikationsinformation (Auftrag) in einer Richtung übergeben und eine Rückmeldung über Vollzug oder Abbruch erwartet. Diese Rückmeldung ist notwendig, da eine Änderung im Informationssystem aus mehreren Schritten (jeweils Aufträge oder Unteraufträge) bestehen kann, die voneinander abhängig sind. Ein Modifikationsauftrag läßt sich als 5-Tupel formulieren (SMAP, vgl. Anhang F):

(Empfänger, Operationstyp, Zielobjekt, Argumente, Zeitstempel)

Der Empfänger ist entweder ein Effektor oder ein anderes SCC. Der Operationstyp gibt die Art des Auftrags an. Der Modifikationsauftrag hat operationstypabhängige Argumente. Der Zeitstempel markiert den Zeitpunkt, an dem der Auftrag gegeben wurde.

6.2.2.3.2 Hierarchie und Verteilung der Systemmodifikationszentren

Die Systemmodifikationszentren sind hierarchisch angeordnet und berücksichtigen die Aggregationsebenen im verteilten Informationssystem. Die Auftragsübergabestruktur der SCCs ist ein gerichteter Graph, wobei ein SCC an mehrere SCCs Aufträge geben, und von mehreren anderen SCCs Aufträge bekommen kann. Zirkelschlüsse sind nicht möglich.

Bild 21 zeigt die Verknüpfung der Systemmodifikationszentren als gerichteter Graph. Die durchgezogenen Pfeile bezeichnen die Übergabe eines Auftrags. Die gestrichelten Pfeile bezeichnen die Übergabe eines Auftrags vom Systemmanagement an die Systemmodifikation. Beide Übergaben verwenden das Systemmodifikation Auftragsprotokoll (SMAP).

Jeder Effektor in einem Objekt des verteilten Informationssystems ist eindeutig identifiziert und wird nur von einem Systemmodifikationszentrum angesprochen. Dies verhindert, daß mehrere Adaptionskreise des Systemmanagements (Identifikation, Entscheidung, Modifikation) denselben Effektor unkoordiniert ansteuern können.

Effektoren und SCCs sind in sich nicht örtlich verteilt. Sowohl Effektoren als auch SCCs können auf jedem Rechner im verteilten Informationssystem vorkommen. Da die Aufträge über einen verteilten Dienst zur Auftragsübergabe vergeben werden, können entfernte SCCs angesprochen werden.

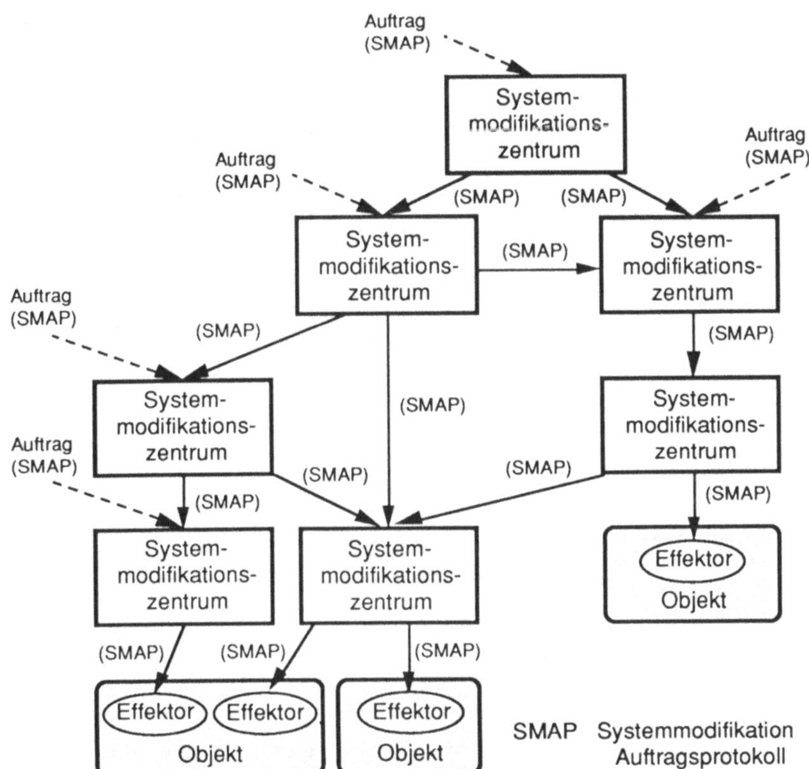

Bild 21:   Verknüpfung der Systemmodifikationszentren (gerichteter Graph)

6.2.2.3.3 Aufgabe und Struktur eines Systemmodifikationszentrums

Die Aufgabe eines Systemmodifikationszentrums ist es, Modifikationsaufträge im verteilten Informationssystem auszuführen. Dies geschieht entweder durch direkten Eingriff in ein verwaltetes Objekt oder durch Weitergabe und Kontrolle spezifischer Modifikationsaufträge an nachgeordnete Systemmodifikationszentren. Ein Systemmodifikationszentrum empfängt seine Aufträge von anderen Systemmodifikationszentren oder von einem Gestaltungs- oder Konfigurationswerkzeug.

Ein Modifikationsauftrag kann eine Folge verschiedener, voneinander abhängiger Unteraufträge und Aktionen bedingen, die vom aktuellen Systemzustand abhängen. Wenn zum Beispiel die Daten eines Konstrukteurs von seiner Arbeitsstation auf den Rechner mit den CAD- und Finite-Elemente-Programmen verlegt werden, muß zunächst sichergestellt werden, daß nicht während der Modifikation auf die (dann inkonsistenten) Daten zugegriffen wird. Danach müssen die Daten zur neuen Adresse kopiert werden. Nachdem alle Zugriffsreferenzen von der alten Adresse zur neuen geändert wurden, können der Zugriff wieder freigegeben und die urspünglichen Daten an der alten Adresse gelöscht werden. Das Systemmodifikationszentrum muß zur Durchführung von Modifikationsaufträgen über einen Transaktionsmechanimus verfügen und die Folge der durchzuführenden Schritte einer Aktion gespeichert haben.

Bild 22 zeigt die Struktur eines Systemmodifikationszentrums. Die Modifikationsaufträge gehen in der Auftragseingangskomponente ein und werden in den Ausführungsplan der Operationsausführungskomponente übernommen. Die Operationsausführungskomponente besitzt Ablaufbeschreibungen der mit dem SCC möglichen Modifikationsoperationen. Die Ablaufbeschreibungen können über die Managementschnittstelle unter Verwendung des SMMPs konfiguriert werden. Der Status des Modifikationsauftrags wird in der Operationsausführungskomponente verfolgt. Unteraufträge werden über die Auftragsausgangskomponente an untergeordnete Systemmodifikationszentren vergeben. Direkte Eingriffe in verwaltete Objekte erfolgen über die Steuerkomponente an die Effektoren.

6.2.3 Werkzeuge zur Unterstützung der Grundaufgaben

Für jede der Grundaufgaben der Gestaltung muß ein interaktives Entscheidungsunterstützungssystem als Werkzeug zu Verfügung stehen, das den Entscheidungsprozeß der Grundaufgabe und die Kommunikation mit den anderen Grundaufgaben und dem laufenden Informationssystem wie in Abschnitt 6.1 dargelegt unterstützt.

Um die Fähigkeit zur Zusammenarbeit dieser Werkzeuge untereinander und mit den Bestandteilen der Systembeobachtung und der Systemmodifikation zu gewährleisten, müssen in der Systemarchitektur die grundlegende Vorgehensweise der Arbeit mit den Werkzeugen, die Art der Schnittstellen sowie die Struktur und die Hauptkomponenten der Werkzeuge festgelegt werden. Diese Festlegung muß gemäß den in Kapitel 3 erarbeiteten Anforderungen erfolgen. Sie bildet den Rahmen, in dem ein spezifisches Gestaltungswerkzeug unter Benutzung der vom Betriebssystem zur Verfügung gestellten Funktionen implementiert wird.

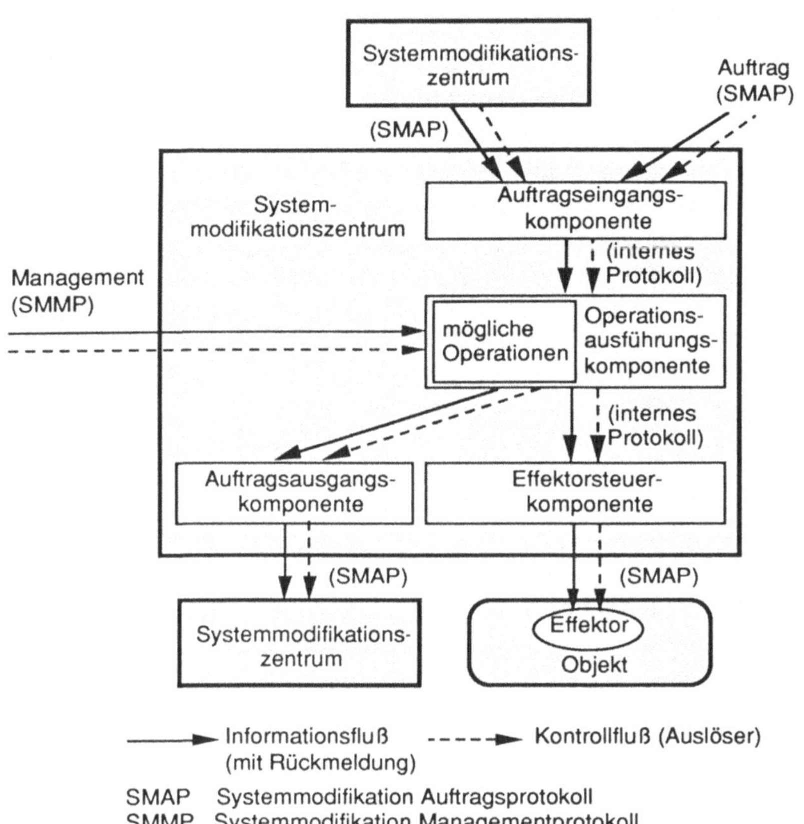

Bild 22:   Struktur eines Systemmodifikationszentrums

6.2.3.1 "Generate-and-test"-Vorgehensweise für die Gestaltung verteilter Informationssysteme

Bei der "generate-and-test"-Vorgehensweise werden zwei Teile der Problemlösung unterschieden: die Erstellung und Prüfung einer möglichen Lösung. Diese Teile korrespondieren mit den funktionalen Entscheidungskomponenten Lösungserstellung und Lösungsbewertung (vgl. Abschnitt 4.2.1). Die in der "generate-and-test"-Vorgehensweise vorgenommene Unterscheidung in Erstellen und Prüfen einer Lösung ist dann sinnvoll, wenn die Lösungserstellung eine komplexe Aufgabe aus vielen Teilschritten ist und nicht jeder Einzelschritt sofort optimal entschieden werden kann, sondern eine Bewertung erst für ein Ganzes vorgenommen werden kann. Dieser Sachverhalt ist bei Gestaltungs-, Planungs- und Konfigurationsproblemen für verteilte Informationssysteme gegeben (vgl. Abschnitt 3.1).

An die Lösungserstellung können drei Anforderungen gestellt werden (vgl. WIN-STON /167/). Sie sollte *vollständig, nicht redundant* und *informiert* sein. Die Forderung nach Vollständigkeit bedeutet, daß sie alle möglichen Lösungen erzeugen kann. Sie kann für den Fall der Gestaltung verteilter Informationssysteme immer nur für Teilbereiche, wo die Lösungsmenge abzählbar ist, überprüft werden. Wird das Gestaltungsziel, eine optimale Lösung zu finden, abgeschwächt, da das Gestaltungsproblem "schlecht strukturierbar" ist (vgl. Abschnitt 3.1), so verliert die Vollständigkeitsforderung an Bedeutung. Die Forderung nach Redundanzlosigkeit ist speziell für die Gestaltung verteilter Informationssysteme von großer Bedeutung, da der Aufwand bei der Lösungsüberprüfung groß ist. Die größte Bedeutung kommt der Forderung nach Informiertheit des Lösungserstellung zu. Sie bedeutet, daß möglichkeitsbegrenzende Informationen und Heuristiken für die Lösungsfindung verwendet werden, um den Lösungsraum von vornherein zu begrenzen. Im Fall der Gestaltung verteilter Informationssysteme bedeutet dies die Anwendung bekannter Gestaltungsregeln und Erfahrung des Gestalters.

6.2.3.2 Logisches Modell des verteilten Informationssystems und Gestaltungswissen

Bei der Gestaltung sind das Modell des Gestaltungsobjekts und das Gestaltungswissen von besonderer Bedeutung. Das Modell ist eine Abstraktion des Gestaltungsobjekts und beschreibt dieses im Hinblick auf eine vorliegende Gestaltungsaufgabe. Dabei kann das Modell explizit in einer Modellsprache formuliert sein oder implizit dem Gestalter bekannt sein. Das Modell sollte nur die Aspekte des Gestaltungsobjekts beinhalten, die für die Gestaltungsaufgabe relevant sind. Die Arten der Repräsentation und der Umfang des Modells sind problemabhängig. Die Repräsentation muß so gewählt sein, daß das Modell den erforderlichen Manipulationen leicht zugänglich ist. Das Gestaltungswissen wird im Hinblick auf das zugrundeliegende Modell des Arbeitssystems und des verteilten Informationssystems formuliert, d.h. es drückt aus, welche Operationen auf dem Modell ausgeführt werden sollen, um es zu verbessern.

Das Arbeitssystem- und Informationssystemmodell beinhaltet sowohl prozeß- als auch aktorenorientierte Komponenten, da die Leistung eines Arbeitssystems mit verteiltem Informationssystem von der Abwicklung der Arbeitsvorgänge (Prozeßorientierung) und vom Einsatz der Ressourcen (Aktorenorientierung) abhängt (vgl. zu den Begriffen Prozeß- und Aktorenorientierung: NIEMEIER und NESS /113/). Drei Hauptaspekte des Modells für die Informationssystemgestaltung können unterschieden werden:

- Der Arbeitsablauf im Arbeitssystem, der durch Vorgänge, Aktivitäten und ausführende Stellen einschließlich deren Informationssystemressourcen beschrieben ist.
- Die Organisationsstruktur des Arbeitssystems, die durch die Stellen, die Personen und deren Beziehungen gekennzeichnet ist.
- Die Arbeitsunterstützung durch das verteilte Informationssystem, die durch die Benutzer, die Benutzergruppen, die Anwendungsprogramme, die Benutzerumgebungen und -schnittstellen sowie deren Beziehungen beschrieben werden kann.

6.2.3.3 Schnittstellen des Gestaltungswerkzeugs

Das Gestaltungswerkzeug ist ein interaktives Programm, daher ist seine wesentlichste Schnittstelle die zum Gestalter. Sie unterstützt zwei Benutzungsarten: das Lösen einer Gestaltungsaufgabe und die Veränderung des Gestaltungswerkzeugs. Da das Werkzeug selbst ein Bestandteil (Objekt) des verteilten Informationssystems und aufgrund seiner Art Veränderungen unterworfen ist, wenn neues Wissen über das Informationssystem entsteht, muß der Veränderungsmodus vorgesehen sein. Bild 23 zeigt, daß beide Benutzungsarten für den Gestalter bidirektional sind. Die Pfeile in Bild 23 geben die Richtung des Informationsflusses an.

Entsprechend der Hierarchie der Grundaufgaben aus Bild 15 bestehen vom Gestaltungswerkzeug Schnittstellen zu den anderen drei Werkzeugen in der Weise, daß es Anforderungen in der jeweiligen Anforderungsdefinitionssprache stellt und Fähigkeiten sowie Zustandsinformationen über das laufende System von den anderen Werkzeugen empfängt. Das Gestaltungswerkzeug hat über die Systembeobachtung und Systemmodifikation eine direkte Verbindung zu den verwalteten Objekten des verteilten Informationssystems, so daß ein geschlossener Adaptionskreis entsprechend Bild 11 besteht. Hierbei nimmt der Gestalter mit dem Gestaltungswerkzeug die Entscheidungsfunktion wahr.

6.2.3.4 Struktur und Komponenten des Gestaltungswerkzeugs

Die Programmstruktur muß die oben beschriebenen Eigenschaften des Gestaltungswerkzeugs, insbesondere seine drei Schnittstellen, die fünf funktionalen Entscheidungskomponenten, die "generate-and-test"-Vorgehensweise für die Lösungsfindung sowie die Orientierung an einem logischen Arbeitssystem- und Informationssystemmodell, berücksichtigen. Bild 24 zeigt die Struktur des Gestaltungswerkzeugs anhand seiner Hauptmoduln und deren Verbindungen in der UC-Darstellung (vgl. Abschnitt 5.1.1.3).

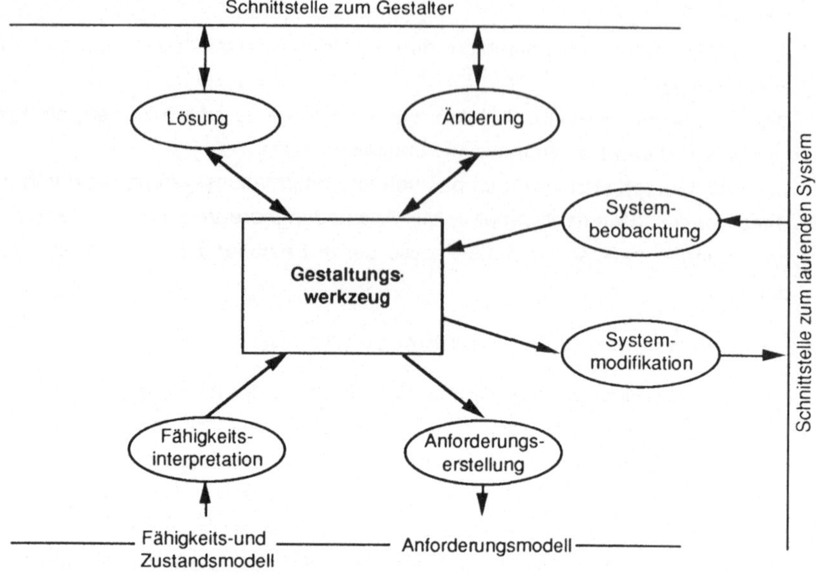

Bild 23:   Schnittstellen des Gestaltungswerkzeugs

Der Gestalter beginnt seinen Dialog mit dem Komponenten-Manager. Dieser steuert die Auswahl des aktuellen Informationssystemmodells sowie die Auswahl der funktionalen Entscheidungskomponente. Zur Analyse können der *Fähigkeitsinterpreter* und der *Beobachtungsinterpreter* eingesetzt werden. Zur Entscheidungsimplementierung stehen dem Gestalter ein *Anforderungsgenerator* zur Kommunikation mit den anderen Grundaufgaben der Gestaltung und ein *Modifikationsgenerator* zur direkten Änderung des verteilten Informationssystems zur Verfügung.

Die beiden wichtigsten Entscheidungskomponenten, die Erstellung und Bewertung von Gestaltungslösungen, sind jeweils durch eigene Managermoduln im Werkzeug repräsentiert, die die nachgeordneten Moduln kontrollieren. Im folgenden werden die notwendigen Eigenschaften der Moduln dieser beiden Entscheidungskomponenten, sowie des Modellverwaltungssystems festgelegt.

Der *graphische Modelleditor* ermöglicht die Manipulation eines Systemmodells auf drei Ebenen. Auf der obersten Ebene können verschiedene graphische Ansichten auf das Modell angelegt werden. Eine graphische Ansicht ist eine graphische Darstellung eines Ausschnitts eines Systemmodells, d.h. eine bestimmte Sichtweise auf ein Systemmodell. Beispielsweise stellt eine Vorgangsansicht die Büroaktivitäten eines Bürovorgangs und ihre kausalen Zusammenhänge mit graphischen Symbolen und Verbindungslinien dar. In einer graphischen Ansicht kann der Gestalter mit Hilfe eines Ansichtseditors Modellelemente anlegen und in Beziehung zueinander bringen. Für die Informationssystemgestaltung existieren folgende Ansichtsarten: Bürovorgangsansicht, Organigramm, Stellen-Aktivitäten-Ansicht und Stellen-Informationssystemansicht. Die unterste Manipulationsebene wird von einem Elementeditor unterstützt, mit dessen Hilfe die Eigenschaften eines einzelnen Modellelements verändert werden können.

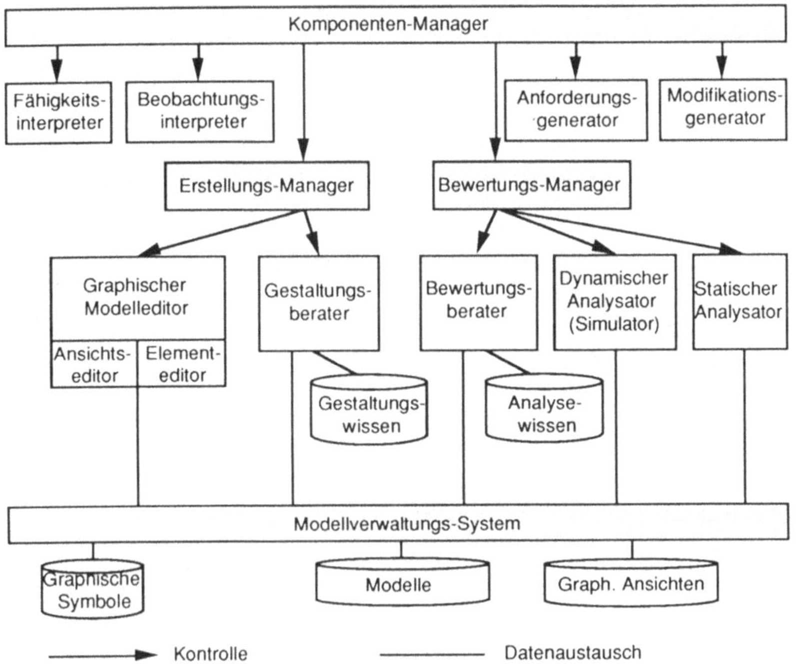

Bild 24:   Programmstruktur des Gestaltungswerkzeugs

Der *Gestaltungsberater* ist ein regelorientierter Modul, der dem Informationssystemgestalter Hilfestellung gibt, während dieser ein Modell erstellt. Er erhält den aktuellen Gestaltungskontext vom Modelleditor über den Erstellungsmanager und schlägt Teillösungen vor. Zum Beispiel bei der Festlegung einer Aktivität in einem Bürovorgang kann der Gestaltungsberater einen Vorschlag für die zu erwartende Bearbeitungszeit machen.

Die Moduln zur Lösungsbewertung unterstützen die Überprüfung und Bewertung von Gestaltungslösungen im Hinblick auf die Gestaltungsziele. Sie arbeiten auf den mit den Moduln zur Lösungserstellung geschaffenen Modellen. Der *statische Analysator* ermöglicht die Untersuchung des aktuellen Modells auf Eigenschaften, die ohne Betrachtung dynamischer Abhängigkeiten sichtbar sind. Viele Eigenschaften einer Gestaltungslösung sind in einer statischen Betrachtung nicht sichtbar, da sie aufgrund dynamischer Kopplungen entstehen. Hierzu gehören z.B. Ausführungszeiten von Vorgängen, Warte- und Liegezeiten von Aktivitäten, Belastungen von Stellen, insbesondere Kapazitätsengpässe sowie Informationsflußdichten. Daher ist ein *dynamischer Analysator* zur Simulation vorzusehen.

Der *Bewertungsberater* ist ein regelorientierter Modul, der den Benutzer in der Interpretation der von den Analysatoren erzeugten Daten unterstützt. Insbesondere können Schwachstellen in einem Modell ermittelt werden, z.B. Teilvorgänge mit zu hohen Synchronisationszeiten, überlastete Stellen, wenig genützte, überflüssige Ressourcen, falsche Vorgangsabläufe mit zu langen Wartezeiten oder Stillstände in Abläufen.

Wie in Bild 24 dargestellt, besitzt das Gestaltungswerkzeug ein *Modellverwaltungssystem*, das das aktuelle Modell des laufenden Systems, sowie die alternativen Modelle anderer Gestaltungslösungen verwaltet. Die anderen Programmmoduln können auf diese Modelle zugreifen. In Bild 24 sind die Verbindungen zum Datenaustausch zwischen den Analyse- bzw. Entscheidungsmoduln und dem Modellverwaltungssystem nicht dargestellt.

Die graphische Darstellung ist konzeptionell von dem betreffenden logischen Arbeitssystem- und Informationssystemmodell zu unterscheiden. Daher wird im Modellverwaltungssystem zwischen dem eigentlichen logischen Modell und seinen graphischen Ansichten unterschieden. Modell und graphische Ansichten müssen getrennt voneinander verwaltet werden: Ein Modellelement für eine Büroaktivität besitzt eine eindeutige Kennzeichnung, einen Aktivitätsnamen, einen Verweis zum Bürovorgang, dessen Teil sie ist, Verweise zu den Vorgängern und Nachfolgern im Bürovorgang, einen Verweis zur ausführenden Stelle sowie weitere beschreibende Merkmale wie Dauer und Informationssystemanforderungen. Das entsprechende Element einer graphischen Ansicht enthält dagegen nur einen Verweis auf das dargestellte Modellelement, einen Verweis auf das zu verwendende Symbol sowie die Koordinaten seines Orts in der Ansichtenebene.

7   ANWENDUNGSBEISPIEL

Der in Kapitel 5 vorgeschlagene Ansatz und die in Kapitel 6 entwickelte Systemarchitektur für die Gestaltung und das Management verteilter Informationssysteme dienen als Grundlage für die Implementierung von Managementwerkzeugen für verteilte, objektorientierte Informationssysteme im technischen Büro. Darüberhinaus kann die Systemarchitektur einen Beitrag für die internationale Standardisierung des Managements verteilter Informationssysteme leisten.

Eine Implementierung und Erprobung der Werkzeuge der Systemarchitektur kann immer nur für konkrete Gestaltungs- und Managementaufgaben und gestützt auf bestimmte Basiskomponenten eines verteilten Informationssystems erfolgen. Beispiele für solche konkreten Aufgaben sind: Management eines Mehrplatz-CAD-Systems, Management eines verteilten PPS-Systems, Management der Basiskomponenten oder Dienste eines verteilten Informationssystems zur Unterstützung der Arbeit mit Anwendungssoftware (CAD, PPS, Auftragsbearbeitung, Programmentwicklung). Da verteilte Betriebssysteme und die dafür erforderliche Programmentwicklungssoftware erst Anfang der 1990er Jahre verfügbar werden, muß bei der vorliegenden Arbeit auf die in Abschnitt 3.2.2 genannten, verfügbaren de-facto-Standards für Basiskomponenten verteilter Informationssysteme zurückgegriffen werden.

Im folgenden werden die für die arbeitssystemgerechte Plazierung von Benutzerdateien in einem verteilten Informationssystem notwendigen Werkzeuge der Systemarchitektur realisiert und in einer Forschungs- und Entwicklungsabteilung eingesetzt und erprobt.

Das für die Erprobung verwendete verteilte Informationssystem besteht aus drei Graphikarbeitsstationen mit großen, hochauflösenden Bildschirmen und Festplattenspeicher, wie sie auch für CAD-Systeme und zur Programmentwicklung eingesetzt werden. Eine detaillierte Beschreibung ist in Anhang B gegeben. Die Arbeitsstationen sind über ein lokales Ethernet-Netzwerk miteinander vernetzt. Als Betriebssystem wird Unix BSD 4.2 /25/ eingesetzt. Für die Interprozeßkommunikation werden Pipes, Sockets und Socket Ports /25/ verwendet. Das Netzwerk-Dateisystem NFS mit dem Namensdienst Yellow Pages (vgl. SUN /152/) wird zur verteilten Datenhaltung eingesetzt. Als Fenstersystem für die Bildschirmausgabe wird der de-facto-Standard X-Windows /39/ mit der objekt-orientierten Erweiterung InterViews /121/ verwendet. Die Programmiersprache für die Werkzeuge ist C++, eine objekt-orientierte Erweiterung von C, die einfache Typhierarchien mit Vererbung unterstützt.

7.1 Konfigurierung eines Netzwerk-Dateisystems als Teilproblem der Gestaltung und des Managements verteilter Informationssysteme

Die Konfigurierung eines Netzwerk-Dateisystems soll in diesem Kapitel vor dem Hintergrund möglicher Anwendungen verteilter Informationssysteme im technischen Büro betrachtet werden (vgl. Abschnitt 3.2.1). Ein wesentliches Merkmal integrierter Anwendungen innerhalb eines Funktionsbereichs eines Unternehmens und insbesondere funktionsbereichsübergreifender Anwendungen im Rahmen eines CIM-Konzepts ist, daß sie die gemeinsame Benutzung von Informationen (z.B. Zeichnungen, Stücklisten, Berechnungsdaten, Arbeitspläne) durch mehrere Stellen erfordern. Daher muß der Zugriff auf gemeinsame Dateien, die auf jeder der Arbeitsstationen abgelegt sein können, von den verschiedenen Arbeitsstationen im Informationssystem aus möglich sein.

Bei Einsatz des Netzwerk-Dateisystems NFS und geschickter Strukturierung der Dateibäume der Rechner unter Verwendung symbolischer Bezüge (vgl. Anhang B), können die wesentlichen Dateizugriffe für den Benutzer und für Anwendungsprogramme (CAD-Programme, Softwareentwicklungsprogramme, Auftragsbearbeitungssoftware) ortstransparent gemacht werden. Dadurch kann eine hohe Flexibilität während des Betriebs des Informationssystems erreicht werden, da betrieblich bedingte Änderungen in der Plazierung von Daten und Programmen ohne Veränderung der Anwendungsprogramme vorgenommen werden können. Dies ist insbesondere in Arbeitssystemen sinnvoll, die von kooperativer Arbeit mit häufig wechselnden Projekten gekennzeichnet sind, wie z.B. Konstruktion, technische Auftragsbearbeitung, Angebotsprojektierung oder Programmentwicklung.

Das NFS muß auf die spezifischen Bedürfnisse des Arbeitssystems und des Informationssystems, für das es eingesetzt wird, angepaßt werden. Dies ist kein einmaliger Vorgang, sondern eine immer wiederkehrende Managementaufgabe, da sich die Nutzung des verteilten Informationssystems dynamisch ändert (vgl. Abschnitt 3.3). Hierzu sind auf jedem der Rechner im Netzwerk neben einem "NFS-Kern", der aus den modifizierten Dateizugriffsroutinen des Betriebssystems (z.B. für Lesen und Schreiben von Datenblöcken) und zwei Dämonen, "nfsd" und "biod", besteht, mehrere Tabellen in Dateien vorhanden, die die Zugriffsabhängigkeiten und Zugriffsrechte konfigurieren. Ein Dämon ist ein Dienstprozeß in einem Rechner, der ständig läuft und eine bestimmte Art von Anfragen bearbeitet. Bei der Konfigurierung des NFS müssen die Speicherorte der Daten und Programme bestimmt werden und die Tabellen der Zugriffsabhängigkeiten zwischen den Rechnern entsprechend gesetzt werden (vgl. Anhang B).

7.2 Problemstellung und Gestaltungsziele bei der Konfigurierung des Netzwerk-Dateisystems

Die Gestaltungsziele für das verteilte Informationssystem bezüglich des Netzwerk-Dateisystems leiten sich aus den Forderungen nach Wirtschaftlichkeit, Verfügbarkeit und Sicherheit ab:
- hohe Verfügbarkeit von Dateien und geringe Zugriffszeiten für einen Benutzer,
- geringe Belastung des Netzwerks und der Rechner durch Dateizugriffe,
- gleichmäßige Auslastung der sekundären Speicher im System, sowie
- hohe Autonomie und Ausfallsicherheit der Rechner untereinander.

Bei einem Zugriff auf eine lokale Datei sind nur Speicherzugriffe auf die lokale Magnetplatte erforderlich. Wenn eine Datei auf einem entfernten Rechner abgelegt ist, werden dagegen Speicherzugriffe auf die Magnetplatte des entfernten Rechners, Datenübertragungen im entfernten "nfsd" und im lokalen "biod" sowie Datenübertragungen im Netzwerk erforderlich. Die Belastung der Rechner und des Netzwerks ist also signifikant größer bei Zugriffen auf entfernte Dateien. Beim Aufruf großer Programme wird ein einmaliger Dateizugriff auf die Programmdatei ausgeführt, der analog zum Zugriff auf Daten verläuft. Während der Programmausführung werden bei nicht persistenten Programmen keine weiteren Programmdateizugriffe im Dateisystem notwendig.

Unter Berücksichtigung der Eigenschaften des NFS lassen sich Gestaltungsziele für das NFS hinsichtlich der Plazierung von Dateien formulieren:
- Die Benutzerdateien sollten auf dem bevorzugten Rechner des jeweiligen Benutzers liegen.
- Große Anwendungsprogramme sollten auf den Rechnern liegen, von denen sie am häufigsten aufgerufen werden.
- Der Belegungsgrad einer Plattenpartition mit Benutzerdateien sollte unter einem Grenzwert (z.B. 90%, mindestens aber 5 MB) liegen, damit Benutzer weitere Dateien anlegen können.
- Der Belegungsgrad einer Plattenpartition mit Systemdateien sollte unter einem Grenzwert (z.B. 95%, mindestens aber 2 MB) liegen, um das Anlegen temporärer Dateien zu ermöglichen.
- Die Belastung des lokalen Netzwerks sollte klein gehalten werden.
- Mehrfachhaltung selten benutzter Systemdateien sollte vermieden werden.

Bei diesen Gestaltungszielen treten Zielkonflikte auf, die einen Kompromiß zwischen lokaler Autonomie und geringer Netzwerkbelastung auf der einen, und geringem absolutem Speicherbedarf auf der anderen Seite erfordern. Die Verlegung von Benutzerdateien und die Verlegung großer Programmdateien können analog behandelt werden.

7.3 Systemmodell

Das Systemmodell kann entsprechend der in Abschnitt 5.1.1.3 eingeführten Universe-of-Discourse- (UC-) und State-Transition- (ST-) Darstellungen beschrieben werden.

7.3.1 UC-Darstellung des Systemmodells

Die Gestaltung und das Management eines verteilten Informationssystems erfolgt jeweils für eine Managementdomäne. Eine Domäne umfaßt alle Ressourcen (Rechner und Netzwerk), die unter einer Verwaltung stehen.

$$D_R = \{R_j \mid j = 1,...,m\} \tag{2}$$

Die zu verwaltenden Rechner in der Domäne D_R können in Klassen binärprogrammkompatibler Rechner eingeteilt werden,

$$D_R = \{RK_1, RK_2,...\} \tag{3}$$

wobei jeder Rechner R_j nur Element einer Rechnerklasse sein kann. Binäre Programmdateien können zwischen Rechnern einer Rechnerklasse ausgetauscht werden. Jeder Rechner R_j verfügt über keine, eine oder mehrere externe Speicher (Magnetplatten) S_j, die in verschiedene Partitionen P_{jh} eingeteilt sind. Für die Speichergröße gilt:

$$\text{Größe } (S_j) = \sum_h \text{Größe } (P_{jh}) \tag{4}$$

In der Managementdomäne existiert eine Benutzermenge, in der Benutzernamen und -identifikation eindeutig sind

$$D_B = \{B_i \mid i = 1,...,n\} \tag{5}$$

Benutzernamen und Benutzeridentifikationen sind in der Regel einander eindeutig zugeordnet. Es ist jedoch möglich, zwei Namen für dieselbe Benutzeridentifikation zu verwenden. Jeder Rechner im verteilten Informationssystem der Verwaltungsdomäne besitzt eine eigene Untermenge der Benutzermenge:

$$D_B \supset D_{Bj} \text{ mit } \bigcup_j D_{Bj} = D_B \tag{6}$$

Entsprechend hat ein Benutzer B_i eine Reihe von Benutzereinträgen B_{ij} auf verschiedenen Rechnern der Domäne.

$$B_i = \{B_{ij} \mid R_j \in D_R\} \qquad (7)$$

Für jeden Benutzereintrag B_{ij} auf einem Rechner R_j existiert eindeutig ein "home"-Verzeichnis, ein Dateiverzeichnis, unter dem die Dateien des betreffenden Benutzers verzeichnet sind. Dieses muß nicht auf dem Rechner R_j liegen, sondern kann von dort über das NFS erreicht werden. Da die Rechner der Domäne nur innerhalb einer Rechnerklasse binärprogrammkompatibel sind, besitzt jeder Benutzer B_i mindestens so viele "home"-Verzeichnisse, wie er auf unterschiedlichen Rechnerklassen Benutzereinträge hat.

In der Domäne existiert eine Menge systemweiter Anwendungsprogramme, wie Editoren, Programmentwicklungsumgebungen, CAD-Programme, Simulationsprogramme, Finite-Elemente-Programme, etc., die zu den Systemdateien - im Gegensatz zu den Benutzerdateien - gezählt werden.

$$D_A = \{A_g \mid g = 1,...,r\} \qquad (8)$$

7.3.2 ST-Darstellung des Systemmodells

Zur Ermittlung des bevorzugten Rechners eines Benutzers werden die von ihm auf den verschiedenen Rechnern der Domäne verbrauchten Rechenleistungen in CPU-Zeit verglichen. Der bevorzugte Rechner ist derjenige mit der höchsten CPU-Zeit für den betreffenden Benutzer. Hierbei wird implizit angenommen, daß verbrauchte Rechenleistung und Anzahl der Zugriffe auf Benutzerdateien korreliert sind. Eine direkte Messung der Zugriffe auf Benutzerdateien könnte durch Veränderung der oben genannten Dateizugriffsroutinen des Betriebssystems erfolgen. Dies ist jedoch im Rahmen dieser Arbeit nicht möglich, da die Quellprogramme dieser Routinen nicht vorliegen. Zudem bedeutete diese Veränderung eine Verschlechterung der Antwortzeiten bei Dateizugriffen.

Zur Bestimmung des besten Ortes für Anwendungsprogramme wird entsprechend die Anzahl der Programmaufrufe pro Zeiteinheit auf einem bestimmten Rechner herangezogen. Der beste Ort ist hierbei der Rechner mit der höchsten Aufrufanzahl.

Begrenzende Faktoren bei der Verlegung von Dateien zwischen Rechnern sind der verfügbare Speicherplatz sowie die bestehende Prozessorbelastung.

Die Auswirkungen einer bestimmten Konfiguration hinsichtlich des Verhaltens des Netzwerk-Dateisystems lassen sich anhand der Zahl der Aufrufe des Dateisystems sowie anhand der Prozessorbelastung der Rechner beurteilen (vgl. Abschnitt 7.2).

Folgende Variablen der Systemdynamik müssen demnach betrachtet werden:

- die für Benutzer B_i auf Rechner R_j gemessene tägliche Aktivität l_{ijk} in CPU-Zeit pro Tag zum Zeitpunkt k,

- die für jedes große Anwendungsprogramm A_g gemessene tägliche Aufrufanzahl c_{gjk} auf Rechner R_j zum Zeitpunkt k,

- der Belegungsgrad d_{hjk} der Plattenpartition P_{jh} auf Rechner R_j zum Zeitpunkt k,

- die Anzahl der NFS-Aufrufe n_{sjk}, n_{cjk} des Rechners R_j als Server bzw. Client zum Zeitpunkt k,

- die über eine Stunde gemittelte Prozessorlast p_{jk} des Rechners R_j zum Zeitpunkt k.

Für diese Systemvariablen können Zeitreihen mit konstantem Abtastintervall gemessen werden. Die vom Benutzer verbrauchte Prozessorleistung, die Aufrufanzahl der Anwendungsprogramme, die Anzahl der NFS-Aufrufe und die Prozessorlast der Rechner sind abhängig von der Benutzung des verteilten Informationssystems zur Durchführung der Arbeitsvorgänge im technischen Büro. Diese Benutzung kann in einer Näherung durch eine binäre Funktion dargestellt werden, die den Wert 1 annimmt, wenn gearbeitet wird, und 0 andernfalls. Der Belegungsgrad der Plattenpartitionen dagegen weist diese direkte Abhängigkeit von der Benutzung des Informationssystems nicht auf.

Zur Beschreibung der Dynamik einer Variablen, die von der Benutzung des verteilten Informationssystems direkt abhängig ist, wird ein diskretes, parametriertes Zeitreihenmodell mit einer Eingangsgröße (Input) verwendet:

$$A(Z^{-1})\, y_k = B(Z^{-1})\, u_k + D(Z^{-1})\, v_k \tag{9}$$

wobei y_k die gemessene Variable zum Zeitpunkt k ist, u_k die Eingangsgröße zur Zeit k, v_k ein stochastischer Prozeß und

$$A(Z^{-1}) = 1 + a_1 Z^{-1} + a_2 Z^{-2} + ... + a_m Z^{-m} \tag{10}$$

$$B(Z^{-1}) = b_1 Z^{-1} + b_2 Z^{-1} + ... + b_m Z^{-m} \tag{11}$$

$$D(Z^{-1}) = 1 + d_1 Z^{-1} + d_2 Z^{-2} + ... + d_m Z^{-m} \tag{12}$$

mit dem Rechtsverschiebungsoperator Z^{-1} und der Eingangsgröße u_k:

$$u_k = \begin{cases} 1 & \text{wenn gearbeitet wird} \\ 0 & \text{andernfalls} \end{cases} \tag{13}$$

Für den stochastischen Prozeß wird angenommen, daß die Werte v_k statistisch unabhängig und aus der gleichen Normalverteilung entnommen sind (vgl. ANDERSON /3/, ISERMANN /65/, DE und HSU /24/):

$$v_k \sim \text{IIDN}(0, \sigma^2) \qquad (14)$$

Für den Fall, daß v_k nicht normal verteilt ist, zeigt Anderson, daß für große Zeitreihen die Verteilung der Parameter dennoch asymptotisch normal ist.

7.4 Realisierung der Systembeobachtung

Die Systembeobachtung wird nach der in Abschnitt 6.2.2.2 beschriebenen Systemarchitektur realisiert.

7.4.1 Hierarchie der Systembeobachtungszentren

Für das Versuchsfeld werden zwei Hierarchieebenen des Informationssystems unterschieden: die Rechnerebene und die Domänenebene. Auf der Rechnerebene liegen nur Informationen über den lokalen Rechner vor, auf der Domänenebene liegen rechnerübergreifende Informationen vor, die zum Teil von den Informationen der darunterliegenden Ebene aggregiert sind.

Entsprechend dieser Einteilung des Systems in zwei Ebenen werden vier Systembeobachtungszentren (SOC) realisiert: jeweils ein SOC auf Rechnerebene auf den drei Rechnern sowie ein SOC auf Domänenebene. Prinzipiell kann dieses auf jedem der drei Rechner liegen.

7.4.2 Messung der Systemvariablen durch Sensoren

Die Objekte, in denen die in Abschnitt 7.3.2 genannten Variablen gemessen werden, sind die Betriebssysteme und Dateisysteme der drei Rechner. Entsprechend der Struktur dieser Betriebssysteme aus mehreren Prozessen und Dateien, sind die Sensoren als Programme realisiert, die über Betriebssystembefehle Daten ermitteln oder vom Betriebssystem angelegte Dateien lesen. Die Sensoren berichten in konstanten Zeitintervallen.

Jeder Sensor besteht aus drei Komponenten: einem Eintrag in der Betriebssystemtabelle "/usr/lib/crontab", dem eigentlichen Sensorprogramm sowie der Schnittstelle zum verteilten Kommunikationsdienst (siehe unten). Der Eintrag in "/usr/lib/crontab" gibt die Zeiten an, an denen der Sensor seine Informationen melden soll. Weiterhin gibt er den Namen des Empfängers der Information an. Das Sensorprogramm implementiert die Informationsbeschaffung und –aufbereitung. Die Sensorprogramme sind als C-Programme oder als Unix-Shellprogramme implementiert. Sie werden entsprechend dem Eintrag in "/usr/lib/crontab" vom Uhrdämon "cron" des Rechners zu den vorgegebenen Zeiten aufgerufen. Die Schnittstelle zum verteilten Kommunikationsdienst realisiert die Weitergabe der Information über den Kommunikationsdienst an den Empfänger (ein SOC).

Zur Messung der in Abschnitt 7.3.2 genannten Variablen wurden vier Sensorarten entworfen und implementiert: NFS-Sensor, Prozessorlastsensor, Benutzeraktivitätssensor und Plattenbelegungssensor. Jeder der Rechner in der Domäne verfügt über jeweils einen Sensor dieser vier Arten. Die Ermittlung der täglichen Anzahl von Aufrufen großer Anwendungsprogramme erfolgt analog zur Messung der Benutzeraktivität und wird hier nicht gesondert betrachtet.

Der *NFS-Sensor* meldet zu jeder vollen Stunde die Anzahl der in der letzten Stunde auf dem lokalen Rechner erfolgten "Client"- bzw. "Server"-Aufrufe des NFS. Die Meldung erfolgt an das lokale SOC auf Rechnerebene. Der NFS-Sensor ist als C-Programm implementiert. Er ruft zur Datenermittlung den Betriebssystembefehl "nfsstat" auf.

Der *Prozessorlastsensor* meldet zu jeder vollen Stunde die über die letzte Stunde gemittelte Prozessorlast. Die Prozessorlast wird als die mittlere Anzahl der Prozesse in der Warteschlange des Prozessors bestimmt. Der Sensor ist als C-Programm implementiert und verwendet eine Hilfsdatei zur Zwischenspeicherung von Daten. Er ruft viertelstündlich den Betriebssystembefehl "uptime" auf und integriert dessen Antworten zu stündlichen Werten. Die Meldung erfolgt an das lokale SOC auf Rechnerebene.

Der *Benutzeraktivitätssensor* meldet zu Beginn jeden Tages die Benutzeraktivität des Vortags für einzelne Benutzer auf einem Rechner. Die Benutzeraktivität wird als Summe der genutzten CPU-Zeit in Sekunden angegeben. Der Sensor ist als C-Programm implementiert, das seine Daten aus der Datei "/usr/adm/acct" des Betriebssystems bezieht. Diese Datei beinhaltet Daten über sämtliche abgeschlossenen Prozesse des Rechners. Der Benutzeraktivitätssensor besitzt eine Hilfsdatei mit der Liste der zu betrachtenden Benutzer. Die Benutzeraktivitätssensoren berichten direkt an das SOC auf Domänenebene.

Der *Plattenbelegungssensor* meldet jede dritte Stunde den aktuellen Belegungsgrad und den freien Speicherplatz der zu überwachenden Plattenpartitionen des lokalen Rechners an das SOC auf Domänenebene. Der Sensor ist als C-Programm implementiert, das von dem Betriebssystembefehl "df" abgeleitet ist. Der Sensor verfügt über eine Hilfsdatei, in der die zu überwachenden Plattenpartitionen eingetragen sind. Für die optimale Plazierung von Benutzerdateien ist es nur erforderlich, die Partition mit dem Dateisystemverzeichnis "/u/Rechnername" (vgl. Anhang B) zu überwachen.

7.4.3 Verteilter Kommunikationsdienst

Zur Übermittlung der von den Sensoren gemessenen Größen an ein Systembeobachtungszentrum und der aggregierten Informationen (Parameterschätzwerte) von SOC zu SOC wurde ein verteilter Kommunikationsdienst entsprechend der Festlegung in der Systemarchitektur (vgl. Abschnitt 6.2.2.2) entwickelt. Dieser erlaubt, *Informationen von einem Sender an einen Empfänger zu senden, dessen Ort im verteilten System dem Sender nicht bekannt sein muß.*

Der Kommunikationsdienst hält auf jedem Rechner in der Managementdomäne einen Prozeß "identd" (Identifikationsdämon). Dieser hört zwei Kommunikationskanäle, einen Socket vom lokalen Rechner und einen Socket Port vom Netzwerk, auf eingehende Informationen ab (Bild 25).

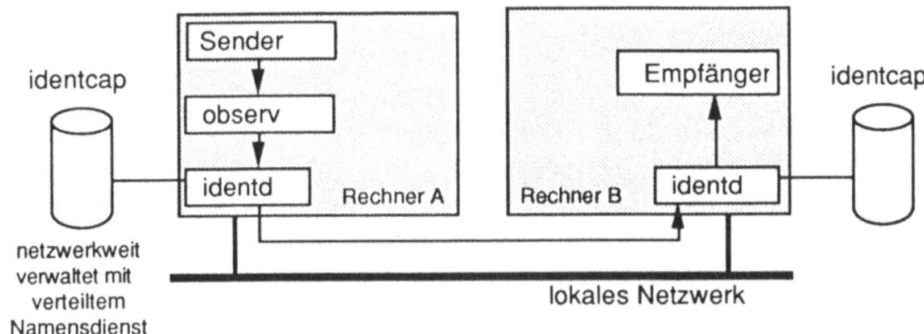

Bild 25:   Der verteilte Kommunikationsdienst

Wenn eine Informationsquelle Meßdaten aussenden will, startet sie hierzu einen Schnittstellen-Prozeß "observ" und übergibt ihm die Daten. Diese verbindet sich zum Socket des lokalen "identd" und übergibt die Daten. Dieser "identd" verdoppelt sich bei Eintreffen einer Nachricht und übergibt den Kommunikationskanal und die Ausführungsverantwortung dem Duplikat, so daß der Orginal-"identd" sofort weiter zum Empfang von Nachrichten bereitsteht.

Das Duplikat liest den Namen des Empfängers aus der Nachricht und ermittelt dessen Ort aus einer Tabelle "identcap". Falls der Empfänger lokal ist, startet "identd" das Empfängerprogramm und übergibt ihm die Daten in einer Unix-Pipe. Im anderen Fall wird die Nachricht über das lokale Netzwerk an den "identd" des Empfängerrechners übergeben, der dann das Empfängerprogramm startet. Die Tabelle "identcap" ist mit Hilfe des netzwerkweiten Namensdienstes Yellow Pages implementiert, so daß sie auf jedem Rechner identisch ist und netzwerkweit verwaltet werden kann.

7.4.4 Informationsverdichtung in den Systembeobachtungszentren

Die wesentliche Verdichtung der im Informationssystem gemessenen Daten erfolgt hinsichtlich der Zeit, um den Einfluß momentaner Schwankungen auf die Zustandsbeurteilung zu reduzieren und um die Information auf eine geringe Anzahl von Parametern des in Abschnitt 7.3.2 beschriebenen Modells zu komprimieren. Die Aggregationsaufgabe der Systembeobachtungszentren im vorliegenden Fall ist also, diese Parameter aus den gemessenen Daten zu ermitteln.

Entsprechend der in Abschnitt 6.2.2.2.3 festgelegten Struktur eines Systembeobachtungszentrums sind hierzu die Kollektor- und Speicherkomponente und die Statistikberichtskomponente erforderlich. Beide Komponenten sind im Versuchsfeld in objektorientierter Weise als C++-Programme "soc_coll" bzw. "soc_statrep" mit Hilfsdateien implementiert.

7.4.4.1 Kollektor- und Speicherkomponente "soc_coll"

"soc_coll" besteht aus einem sehr kurzen Hauptprogramm (Kollektor) und einer Menge von Objekten, die die verschiedenen Variablenarten repräsentieren, die das SOC behandeln kann. Alle Objekte stellen die in der Systemarchitektur definierten Operationen "update", "init", "remove" und "query" zur Verfügung. Das Hauptprogramm ermittelt die Variablenart und die gewünschte Operation und ruft das entsprechende Objekt mit der gewählten Operation auf.

Unabhängig von der genauen Art der vom Objekt repräsentierten Variable - und damit unabhängig von der inneren Struktur des Objekts - bewirken die obigen Operationenaufrufe ähnliches bei allen Objekten. "update" bewirkt eine Aktualisierung des im Objekt gespeicherten Zustands der Variable. Bei Aufruf von "update" wird der aktuelle Meßwerte der Variable als Argument angegeben. "init" bewirkt eine Initialisierung einer neuen Instanz des als Argument angegebenen Objekttyps, "remove" bewirkt die Löschung einer bestehenden Instanz (siehe unten). "query" erlaubt die Abfrage des Zustands eines Objekts, als Argument wird ein Schlüsselwort für die Abfrageart erwartet.

Entsprechend den verschiedenen Arten von zu beobachtenden Variablen wurden verschiedene Objekttypen realisiert. Sie unterscheiden sich in den in ihnen gespeicherten Datenstrukturen und in den internen Funktionen. Ihre Schnittstellen nach außen, die oben beschriebenen Operationen, sind jedoch bis auf Unterschiede in den typabhängigen Argumenten gleich. Die Objekttypen bilden eine Spezialisationshierarchie ("is_a"), entlang der Implementierungen von Datenstrukturen und Funktionen an abgeleitete Typen vererbt werden. Bild 26 zeigt die Objekttypenhierarchie für "soc_coll".

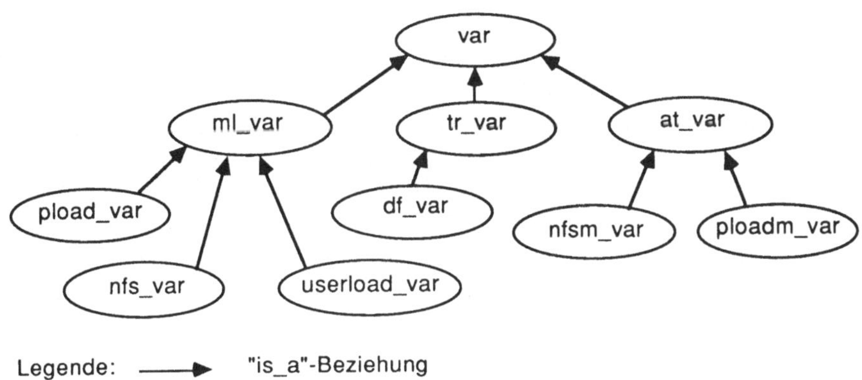

Bild 26:   Hierarchie der Objekttypen in "soc_coll"

"var" bezeichnet die allgemeinste Form eines Objekts, das Variablenmeßwerte aggregieren und speichern kann. "ml_var" bezeichnet eine Variable, die nach der Maximum-Likelihood-Methode ermittelt wird, d.h. das entsprechende Objekt verfügt über einen ML-Parameterschätzalgorithmus für ein Zeitreihenmodell. Der verwendete Schätzalgorithmus ist in Anhang C beschrieben. "at_var" bezeichnet eine Variable, die zeitaggregierte Daten (Parameterschätzwerte) beinhaltet. Dies kann z.B. auf einer höheren Systemebene mit längerem Abtastintervall eingesetzt werden. Wenn "pload_var" (eine ML-Variable) im lokalen SOC mit stündlichen Daten ein Zeitreihenmodell der Prozessorlast ermittelt, kann dieses täglich an die At-Variable "ploadm_var" des SOCs auf Domänenebene gemeldet werden. Hierzu meldet das lokale "soc_statrep" (siehe unten) über den verteilten Kommunikationsdienst an das "soc_coll" des höheren SOCs. "tr-var" bezeichnet eine Trend-Variable, d.h. eine Variable, deren zeitlicher Trend in Form der Steigung in den jeweils letzten n Meßwerten ermittelt wird. "nfs_var" bezeichnet einen Objekttyp, der die Daten eines NFS-Sensors bearbeiten kann, "userload_var" bearbeitet die Daten eines Benutzeraktivitätssensors, "df_var" die eines Plattenbelegungssensors. "ploadm_var" und "nfsm_var" behandelt aggregierte Daten, die von einem untergeordneten SOC gesandt werden (siehe "soc_statrep" unten).

Die Konfigurierung von "soc_coll" erfolgt in zwei Stufen: Typkonfigurierung und Instanzkonfigurierung. Die Typkonfigurierung erfolgt zur Kompilier- und Bindezeit und legt die Variablenarten fest, die das SOC behandeln kann. Die Instanzkonfigurierung legt fest, welche Instanzen von welcher Variablenart tatsächlich behandelt werden. Dies geschieht zur Laufzeit mit den Operationen "init" und "remove".

7.4.4.2 Statistikberichtskomponente "soc_statrep"

"soc_statrep" besteht aus einem sehr kurzen Hauptprogramm und einer Menge von Objekten, die die verschiedenen Statistikberichtsarten repräsentieren, die das SOC melden kann. Alle Objekte stellen die Operationen "report", "init" und "remove" zur Verfügung. Das Hauptprogramm ermittelt die Berichtsart und die gewünschte Operation und ruft das entsprechende Objekt mit der gewählten Operation auf. Die Operation "report" veranlaßt das gewählte Objekt, einen Bericht (z.B. die Parameter eines lokal ermittelten Zeitreihenmodells) an ein höheres SOC zu senden. Die Operationen "init" und "remove" dienen wie bei "soc_coll" zur Konfigurierung von Instanzen (siehe unten).

Die Objekttypen bilden wie bei "soc_coll" eine Spezialisierungshierarchie. Bild 27 zeigt die Objekttyphierarchie von "soc_statrep". "rep" ist ein Objekt eines allgemeinen Statistikberichts. Es beinhaltet alle Funktionen, die zur Datenbeschaffung (Aufruf des zugehörigen "soc_coll" mit der Operation "query") und Berichtsmeldung erforderlich sind. "m_rep" ist eine Spezialisierung davon, die speziell auf Meldung geschätzter Parameter einer ML-Variable in "soc_coll" ausgerichtet ist. "ploadm_rep" und "nfsm_rep" sind weitere Spezialisierungen davon, die die Parameter von "pload_var" bzw. "nfs_var" berichten können.

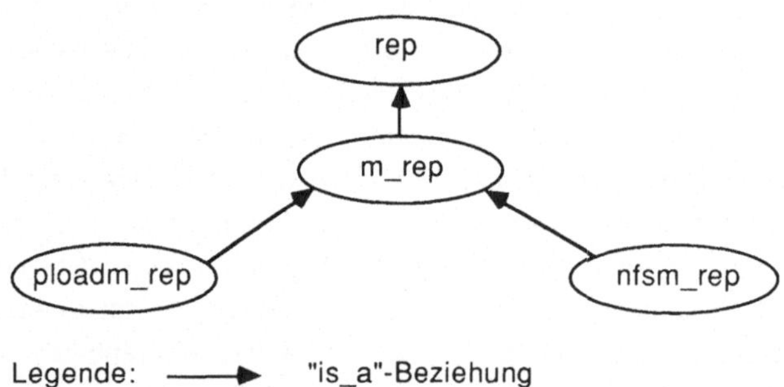

Bild 27:   Hierarchie der Objekttypen in "soc_statrep"

Die Konfigurierung von "soc_statrep" erfolgt in zwei Stufen: Typkonfigurierung und Instanzkonfigurierung. Die Typkonfigurierung erfolgt zur Kompilier- und Bindezeit und legt die Statistikberichtsarten fest, die das SOC melden kann. Die Instanzkonfigurierung legt fest, welche Instanzen von welcher Berichtsart tatsächlich vorliegen und Statistikberichte melden. Dies geschieht zur Laufzeit mit den Operationen "init" und "remove". Die Konfigurierung der Berichtszeitintervalle (vgl. Systemarchitektur Abschnitt 6.2.2.2.3) erfolgt durch den Eintrag des "report"-Aufrufs von "soc_statrep" in der Betriebssystemdatei "/usr/lib/crontab".

7.4.4.3 Persistente Daten

Da Objekte in "soc_coll" und "soc_statrep" über eine lange Zeit (mehrere Wochen) bestehen, der jeweilige Prozeß auf dem Rechner aber nur immer kurz (wenige Sekunden) läuft, müssen die Informationen, die von Prozeßlauf zu Prozeßlauf benötigt werden, permanent gespeichert werden (persistente Objekte). Dies geschieht mit Hilfe von Dateien und Lade- bzw. Speicheroperationen bei den Objekten.

7.4.4.4 Konfigurierte Objekttypen in den Systembeobachtungszentren

Die Systembeobachtungszentren auf Rechnerebene besitzen eine Kollektor- und Speicherkomponente sowie eine Statistikberichtskomponente. Entsprechend den in Abschnitt 7.4.2 beschriebenen Empfängern der Sensormeldungen sind diese Komponenten wie in Bild 28 dargestellt konfiguriert:

Komponente	konfigurierte Objekttypen
soc_coll	pload_var, nfs_var
soc_statrep	ploadm_rep, nfsm_rep

Bild 28: Konfigurierte Objekttypen in den Systembeobachtungszentren auf Rechnerebene

Das Systembeobachtungszentrum auf Domänenebene empfängt Informationen von den Benutzeraktivitätssensoren und den Plattenbelegungssensoren der drei Rechner sowie aggregierte Informationen von den Systembeobachtungszentren auf Rechnerebene (vgl. Abschnitte 7.4.1 und 7.4.2). Die hierfür erforderlichen Objekttypen sind in Bild 29 angegeben. Das SOC auf Domänenebene benötigt keine Statistikberichtskomponente, da sie an kein höheres SOC berichtet.

7.5 Realisierung der Entscheidungsfunktion in einem interaktiven Gestaltungswerkzeug

Die Grundlagen zur Entscheidung über die Verlegung von Benutzerverzeichnissen sind: die Aktivität der Benutzer auf den verschiedenen Rechnern, die Größe der

Benutzerverzeichnisse, der verfügbare Speicherplatz auf den Rechnern sowie die Prozessorlast auf den Rechnern.

Komponente	konfigurierte Objekttypen
soc_coll	userload_var df_var ploadm_var, nfsm_var
soc_statrep	nicht vorhanden

Bild 29: Konfigurierte Objekttypen im Systembeobachtungszentrum auf Domänenebene

Entsprechend den in Abschnitt 7.2 formulierten Gestaltungszielen, den Eigenschaften des verteilten Informationssystems (vgl. Anhang B) und den Eigenschaften des Gestaltungsproblems (vgl. Abschnitt 3.1) lassen sich heuristische Gestaltungsregeln formulieren, die vom Gestaltungswerkzeug unterstützt werden müssen. Diese sind im folgenden angegeben.

Regel 1: Eine Verlegung darf nur innerhalb einer Klasse binärprogrammkompatibler Rechner erfolgen. (Jeder Benutzer hat nur ein Benutzerverzeichnis innerhalb einer Rechnerklasse.)

Regel 2: Eine Verlegung kann nur erfolgen, wenn auf dem Zielrechner ausreichend freier Speicherplatz vorhanden ist.

Regel 3: Ein Benutzerverzeichnis wird verlegt, wenn der Rechner, auf dem es gespeichert ist, kein bevorzugter Rechner des Benutzers ist.

Regel 4: Ein Benutzerverzeichnis wird auf einen bevorzugten Rechner des Benutzers verlegt.

Regel 5: Der bevorzugte Rechner eines Benutzers ist derjenige, auf dem die Aktivität des Benutzers signifikant größer ist als auf den anderen.

Regel 6: Kann kein eindeutiger bevorzugter Rechner für einen Benutzer ermittelt werden, so wird eine Gruppe bevorzugter Rechner für den Benutzer verwendet.

Regel 7: Sind mehrere Benutzerverzeichnisse auf einen Rechner zu verlegen und reicht der Speicherplatz dort nicht für alle aus, so werden diejenigen mit den höchsten Prioritäten verlegt.

Regel 8: Die Priorität zur Verlegung steigt mit der gesamten Aktivität des Benutzers in der Rechnerklasse und ist abhängig von dem Verhältnis seiner Aktivität auf dem bevorzugten Rechner zu seiner gesamten Aktivität. Verlegungen mit Prioritäten unter einem Schwellenwert werden nicht ausgeführt.

Regel 9: Die Reihenfolge der Verlegungen mehrerer Benutzerverzeichnisse muß so gewählt werden, daß zu keiner Zeit der maximale Speicherplatz einer Plattenpartition überschritten wird.

Das Gestaltungswerkzeug ist entsprechend der in Abschnitt 6.2.3.4 definierten Programmarchitektur in der Programmiersprache C++ objektorientiert implementiert. Es besitzt eine graphische Schnittstelle mit Fenstertechnik für den Benutzer. Der Beobachtungsinterpreter implementiert die Schnittstelle zur Systembeobachtung, indem "soc_coll" des SOCs auf Domänenebene mit der Operation "query" aufgerufen wird (vgl. Abschnitt 7.4.4.1). Der Modifikationsgenerator vergibt die Aufträge zur Verlegung von Benutzerverzeichnissen an das Domänenmodifikationszentrum "scc_d_mvh" durch Aufrufe der Operation "moveuser" (vgl. Abschnitt 7.6.3). Die einzelnen Verlegungsentscheidungen werden vom Gestalter interaktiv im Modelleditor entwickelt.

7.6 Realisierung der Systemmodifikation

Die Systemmodifikation zur Verlegung von Benutzerverzeichnissen wird nach der in Abschnitt 6.2.2.3 beschriebenen Systemarchitektur realisiert. Die Verlegung großer Anwendungsprogramme kann analog erfolgen und wird hier nicht beschrieben.

7.6.1 Hierarchische Struktur der Systemmodifikation

Wie die Systembeobachtung unterscheidet die Systemmodifikation zwei Hierarchieebenen für die Systemmodifikationszentren (vgl. Bild 30). Die Entscheidung zur Verlegung eines Benutzerverzeichnisses und die Koordinierung der Einzelschritte einer Verlegung erfolgen auf der Ebene der Domäne, da nur dort rechnerübergreifende Information vorliegt. Die Koordination wird von einem Domänenmodifikationszentrum "scc_d_mvh" vorgenommen. Auf jedem Rechner existiert darüber hinaus jeweils ein SCC auf Rechnerebene "scc_l_mvh", das die lokal durchzuführenden Einzelaufgaben wahrnimmt, die keine rechnerübergreifende Koordination erfordern.

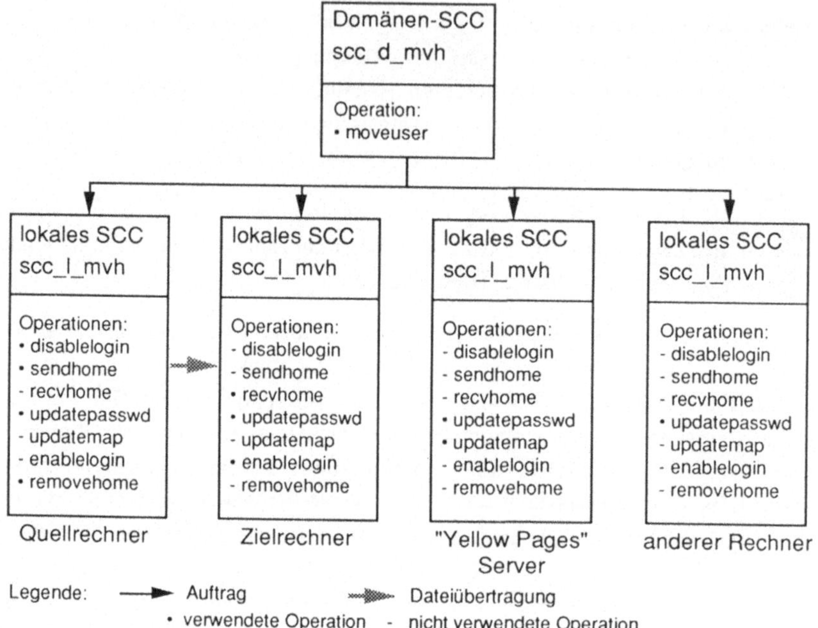

Bild 30: Hierarchische Struktur der Systemmodifikation zur Verlegung von Benutzerverzeichnissen

Bei der Verlegung eines Benutzerverzeichnisses sind alle Systemmodifikationszentren beteiligt. Der Vorgang zur Verlegung wird durch einen Auftrag an das Domänenmodifikationszentrum ausgelöst. Dieses vergibt Unteraufträge an die lokalen SCCs auf dem Quellrechner und dem Zielrechner sowie auf allen anderen lokalen SCCs der Domäne. Der Quellrechner ist derjenige, auf dem das Benutzerverzeichnis vor der Verlegung gespeichert ist, der Zielrechner ist derjenige, auf den es verlegt werden soll.

Die Systemmodifikationszentren sind unter dem Betriebssystem Unix als C-Programme und Shellprogramme in der Weise als Objekte implementiert, daß die Operationen jeweils als einzelne Programme vorliegen.

7.6.2 Modifizierte Objekte im Informationssystem

Es werden folgende Objekte modifiziert: die Dateisysteme des Ziel- und Quellrechners, die Tabellen "/etc/passwd" auf allen Rechnern sowie die Tabelle "passwd" im verteilten Dienst Yellow Pages, in denen der Verweis zum "home"-Verzeichnis eines Benutzers verzeichnet ist (vgl. Anhang B).

7.6.3 Modifikationszentrum auf Domänenebene

Das Domänenmodifikationszentrum ist als ein Objekt "scc_d_mvh" realisiert, das aus einem Dateiverzeichnis mit den Programmen "moveuser" und "userhome" sowie einer Hilfsdatei "userhosts" besteht. "scc_d_mvh" erhält von einem interaktiven Gestaltungswerkzeug (vgl. Abschnitt 7.5) den Auftrag zur Verlegung eines Benutzerverzeichnisses unter Verwendung des Auftragsprotokolls der Systemmodifikation (SMAP).

Das Programm "moveuser", das den Ablauf der Modifikation steuert, ist als ein Shellprogramm implementiert. Es ruft die Operation "userhome" und die lokalen SCCs auf dem Quellrechner, dem Zielrechner und den anderen Rechnern der Domäne auf. Das Hilfsprogramm "userhome", ermittelt den Rechner, auf dem das "home"-Verzeichnis des angegebenen Benutzers gespeichert ist. Die Hilfsdatei "userhosts" enthält für jeden Systembenutzer eine Liste aller zugelassenen Rechner der Domäne.

7.6.4 Modifikationszentrum auf Rechnerebene

Ein lokales Modifikationszentrum ist als ein Objekt "scc_l_mvh" realisiert, das aus einem Dateiverzeichnis mit den Programmen "disablelogin", "sendhome", "recvhome", "updatepasswd", "updatemap", "enablelogin" und "removehome" sowie einer Hilfsdatei "nologin" besteht. Jedes dieser Programme realisiert eine Operation mit der "scc_l_mvh" von "scc_d_mvh" aufgerufen werden kann.

"disablelogin" ist ein Shellprogramm, das das Anmelden des zu verlegenden Benutzers an einem Rechner der Domäne sperrt. Dies geschieht mit Hilfe der Datei "nologin", die zeitweise in das Benutzerverzeichnis gelegt wird. "sendhome" ist ein Shellprogramm, das das gesamte Benutzerverzeichnis liest und an den Zielrechner sendet. Hierzu wird der Betriebssystembefehl "tar" verwendet. "recvhome" ist ein Shellprogramm, das das gesandte Benutzerverzeichnis empfängt und an neuer Stelle wieder abspeichert. "updatepasswd" ist ein C-Programm, das die lokalen "/etc/passwd"-Tabellen aktualisiert. "updatemap" ist ein Shellprogramm, das die Tabelle "passwd" der Yellow Pages auf dem Server aktualisiert. "enablelogin" ist ein Shellprogramm, das das Anmelden des Benutzers an einem Rechner der

Domäne wieder ermöglicht. "removehome" ist ein Shellprogramm, das das alte Benutzerverzeichnis auf dem Quellrechner nach der Verlegung löscht.

7.6.5 Ablauf der Verlegung eines Benutzerverzeichnisses

Die Verlegung wird durch den Aufruf der Operation "scc_d_mvh/moveuser" mit den Argumenten Benutzer, Quellrechner und Zielrechner von einem Gestaltungswerkzeug gestartet. "scc_d_mvh" bestimmt als erstes über die Operation "userhome" den bisherigen Ort des Benutzerverzeichnisses. Dabei werden verschiedene Überprüfungen durchgeführt: Existieren der Benutzer und die angegebenen Rechner? Sind alle Rechner, auf denen der Benutzer eine Zugangsberechtigung hat, erreichbar? Stimmt die Dateiübertragungsrichtung? Ist der Benutzer an einem Rechner der Domäne angemeldet? Durch diese Überprüfungen wird gewährleistet, daß die Verlegung nur bei korrektem Aufruf und zulässigem Systemzustand ausgeführt wird.

Durch Aufruf der Operation "disablelogin" des Objekts "scc_l_mvh" auf dem Quellrechner wird das Anmelden an einem Rechner der Domäne für den Benutzer gesperrt. Dazu wird die Datei nologin nach ".cshrc" des Benutzerverzeichnisses kopiert, das zuvor nach ".cshrc.orig" gesichert wurde. Versucht ein Benutzer, sich an einem Rechner anzumelden, wird dies zurückgewiesen und eine Nachricht auf dem Bildschirm ausgegeben.

Nun wird auf dem Quellrechner die Operation "sendhome" des Objekts "scc_l_mvh" gestartet, das die Dateien zum Zielrechner sendet. Dort werden über die Operation "recvhome" des dortigen Objekts "scc_l_mvh" die Dateien in einem neuen Verzeichnis abgelegt.

Das Bekanntmachen des neuen Benutzerverzeichnisses geschieht über die Operation "updatepasswd" des Objekts "scc_l_mvh" auf allen Rechnern der Domäne. Dabei werden alle lokalen Tabellen "/etc/passwd" der Rechner, auf denen der Benutzer eine Zugangsberechtigung hat, aktualisiert. Darüberhinaus wird die Tabelle "passwd" des Yellow Pages-Servers mit der Operation "updatemap" des dortigen "scc_l_mvh" aktualisiert.

Nach dem Aufruf der Operation "enablelogin" von "scc_l_mvh" auf dem Zielrechner, die ".cshrc.orig" in ".cshrc" umbenennt, kann sich der Benutzer wieder an den Rechnern der Domäne anmelden.

Durch Aufruf der Operation "removehome" des Objekts "scc_l_mvh" auf dem Quellrechner wird nun das alte Benutzerverzeichnis gelöscht.

7.7 Ergebnisse der Anwendung in einer Forschungs- und Entwicklungsabteilung

Die in den Abschnitten 7.4, 7.5 und 7.6 beschriebenen Werkzeuge zur Gestaltung und zum Management des Netzwerk-Dateisystems NFS wurden für einen Zeitraum von einem Monat im Juni 1988 in einer Forschungs- und Entwicklungsabteilung eingesetzt. Diese Anwendung überprüft zunächst die Funktionsfähigkeit der Werkzeuge und die Angemessenheit der in Kapitel 7 beschriebenen Modelle und Annahmen. Weiterhin soll die Anwendung die Einsetzbarkeit und das Potential des in Kapitel 5 dargestellten adaptiven Ansatzes und der in Kapitel 6 entwickelten Systemarchitektur beispielhaft aufzeigen. Die in diesem konkreten Anwendungsfall gesammelten Daten können darüber hinaus Hinweise für das Management verteilter Informationssysteme und Ansatzpunkte für weitere Forschungsarbeiten geben.

Als Versuchsfeld wurde das in Abschnitt 7.1 und in Anhang B beschriebene verteilte Informationssystem bestehend aus drei Rechnern, die über ein lokales Netzwerk kommunizieren, eingesetzt. Während des Versuchszeitraums arbeiteten sieben regelmäßige Benutzer mit dem Informationssystem. Die Benutzer gehören einer Abteilung an, die Forschungs- und Entwicklungsprojekte im Bereich Anwendungssoftware für fertigungstechnische und organisatorische Aufgabenstellungen bearbeitet. Die Arbeit der Benutzer beinhaltet die gemeinsame Erforschung, Entwicklung und Erprobung von Komponenten verteilter Informationssysteme sowie die Dokumentation der Ergebnisse. Hierzu werden Softwareentwicklungswerkzeuge, sowie Text- und Graphikprogramme eingesetzt. Vier der Benutzer sind Vollzeitkräfte, drei sind Teilzeitkräfte mit individuellen Arbeitstagen.

Die Rechnerbenutzer der Forschungs- und Entwicklungsabteilung im Anwendungsbeispiel entwickeln interaktive Programme in C++, die ein Fenstersystem und hochauflösende Graphik benutzen. Ein ausführbares Programm hat dabei eine Größe von ca. 2 MB, es besteht aus ca. 50 vom Benutzer erstellten Programmteilen (jeweils eine Definitionsdatei und eine Implementationsdatei für das Quellprogramm eines Teils). Die Größe der Quellprogrammdateien zusammen ist ca. 0,2 MB, die der Objektprogrammdateien ca. 2 MB. Im Verlauf eines Arbeitstags werden die Quellprogrammdateien mehrfach im Editor verändert und während des Veränderns auch mehrmals abgespeichert. Das Programm wird ca. 10 mal kompiliert, gebunden und getestet. Beim Kompilieren werden ca. 30% der Objektprogrammdateien neu erstellt. An einem Arbeitstag werden somit von einem Benutzer ca. 30 MB Daten gelesen und geschrieben. Die Dateigrößen sind im Mittel ca. 100 kB groß.

Diese Arbeit ist bezüglich des Benutzerverhaltens auf dem Informationssystem einer CAD-Anwendung sehr ähnlich. In beiden Fällen werden mit Struktureditoren (Texteditor mit Formatierungsfunktionen bzw. Graphikeditor) Dateien bearbeitet, die mit Hilfe von Rechenprogrammen (Kompilierer und Binder bzw. Finite-Elemente-Berechnungsprogramme, NC-Programmgeneratoren) überprüft und weiterbearbeitet werden. Die Dateien sind in der Regel einem Bearbeiter für einen Zeitraum von einem Tag bis mehrere Wochen zugeordnet. Es werden häufig Lese- und Schreibzugriffe auf ganze Dateien ausgeführt.

7.7.1 Prozessorlast

Die Bilder D-1 bis D-6 in Anhang D zeigen die im Versuchsfeld stündlich gemessene Prozessorlast in mittlerer Anzahl von Prozessen in der Prozessorwarteschlange. Bild D-1 zeigt den zeitlichen Verlauf für eine Periode von 10 Tagen zu Beginn des Versuchszeitraums auf dem Rechner Practix. Der Verlauf zeigt außerhalb der Arbeitszeit einen geringen stationären Wert und innerhalb der Arbeitszeit einen um ca. eine Zehnerpotenz größeren Wert (ca. 0.2), der Schwankungen unterworfen ist. Der Mittelwert des stationären Werts außerhalb der Arbeitszeit beträgt 0.012 (an Samstagen, Sonntagen, Feiertagen und an Werktagen zwischen 20 Uhr und 8 Uhr). Bild D-2 zeigt die Prozessorlastdaten für den Rechner Practix über der Tageszeit aufgetragen. Die Punkte markieren einzelne Meßwerte, die durchgezogene Linie zeigt das arithmetische Mittel über die Tage des Versuchszeitraums. Dieser Verlauf bestätigt die in Abschnitt 7.3.2 angenommene Abhängigkeit der Prozessorlast von der exogenen Größe Arbeitszeit (Montags bis Freitags von 9 Uhr bis 17 Uhr, außer an Feiertagen), die Wahl des dynamischen Modells nach Gleichung (9) und das gewählte Abtastintervall von einer Stunde. Ein Modell erster Ordnung nach Gleichung (9) beschreibt das dynamische Verhalten ausreichend genau.

Die Bilder D-3 und D-4 bzw. D-5 und D-6 zeigen die entsprechenden Daten für die beiden anderen Rechner Theorix und Rhetorix. Die stationären Werte der Prozessorlast außerhalb der Arbeitszeit sind 0.018 für Theorix und 0.010 für Rhetorix, während der Arbeitszeit ist die Prozessorlast ca. 0.04 für Theorix und ca. 0.18 für Rhetorix.

Ein Vergleich zwischen den Rechnern ergibt, daß Practix und Rhetorix während der Arbeitszeit in gleicher Größenordnung ausgelastet sind, Theorix dagegen sehr viel geringer (vgl. Bilder D-2, D-4 und D-6). Dies weist darauf hin, daß die Zuordnung der Benutzer zu den Rechnern vom Gestalter überprüft werden sollte.

7.7.2 Aufrufe des Netzwerk-Dateisystems

Die Bilder D-7 bis D-18 in Anhang D stellen die mit Hilfe der NFS-Sensoren (vgl. Abschnitt 7.4.2) gemessenen Daten über die Aufrufe des Netzwerk-Dateisystems für die drei Rechner Practix (Bilder D-7 bis D-10), Theorix (Bilder D-11 bis D-14) und Rhetorix (Bilder D-15 bis D-18) dar. Hierbei ist unterschieden, ob ein Rechner als "Client" oder "Server" dient. Der zeitliche Verlauf der gemessenen NFS-Daten ist ähnlich wie der der Prozessorlast. Auch hier werden die in Abschnitt 7.3.2 gemachten Annahmen über die Abhängigkeit der NFS-Aufrufe von der unabhängigen Größe Arbeitszeit, das dynamische Modell nach Gleichung (9), dessen Ordnung (erste Ordnung) und das Abtastintervall von einer Stunde bestätigt.

Wie bei der Prozessorlast können stationäre Werte für die Meßdaten ermittelt werden. Sie betragen für den Rechner Practix 156 als "Client" und 2 als "Server", für den Rechner Theorix 4 als "Client" und 152 als "Server" sowie für den Rechner Rhetorix 4 als "Client" und 8 als "Server".

Der Vergleich zwischen den Rechnern zeigt, daß der Rechner Practix überwiegend als "Client" (vgl. Bilder D-9 und D-10), der Rechner Theorix dominierend als "Server" (vgl. Bilder D-13 und D-14) und der Rechner Rhetorix ausgeglichen als "Client" und "Server" dient (vgl. Bilder D-17 und D-18).

7.7.3 Benutzeraktivität

Die Bilder D-19 bis D-25 in Anhang D zeigen die Meßdaten zur Benutzeraktivität für die sieben ständigen Benutzer des Versuchsfelds auf allen Rechnern (vgl. Anhang B). Die Benutzeraktivität ist, wie die Prozessorlast und die Anzahl der NFS-Aufrufe, eine Funktion der unabhängigen Größe Arbeitszeit. Da die Benutzeraktivität pro Tag ermittelt wird, wird bei der Arbeitszeit unterschieden, ob der betreffende Benutzer an dem entsprechenden Tag gearbeitet hat ($u = 1$) oder nicht ($u = 0$) (vgl. Anhang D, Abschnitt D.3). Bei den Meßwerten kann eine hohe Streuung festgestellt werden (vgl. Bilder D-19, D-22 und D-23).

Mit diesen Meßwerten wurden im Systembeobachtungszentrum auf Domänenebene (vgl. Abschnitt 7.4.4) die Parameter eines diskreten Zeitreihenmodells erster Ordnung nach Gleichung (9) rekursiv ermittelt. Die Tabellen in den Bildern E-1 bis E-21 in Anhang E geben den zeitlichen Verlauf dieser Parameter für die gemessenen Daten an.

Bei der Modellierung des dynamischen Verhaltens der individuellen Benutzeraktivität hat sich gezeigt, daß für die unabhängige Größe Arbeitszeit die individuellen Arbeitstage berücksichtigt werden müssen (vgl. Bilder D-19, D-20, und D-24).

Der Einfluß der individuellen Arbeitsaufgaben kann in das Modell mit einbezogen werden, um die hohe Streuung der Meßwerte, die bisher als stochastischer Prozeß betrachtet wird, zu reduzieren. Dies bedingt jedoch einen höheren Aufwand bei der Erfassung der Eingangsgrößen des Modells.

Die Parameter a_1 der geschätzten Zeitreihenmodelle nach Gleichung (9) sind betragsmäßig sehr klein bzw. haben positives Vorzeichen (vgl. Anhang E). Dies deutet darauf hin, daß die Zeitkonstante des dynamischen Modells erster Ordnung sehr klein ist. Ein Modell mit proportionaler Abhängigkeit und stochastischer Störgröße ist daher ausreichend.

Die in Abschnitt 7.3.2 gemachte Annahme, daß die als verbrauchte Prozessorzeit gemessene Benutzeraktivität mit der Anzahl der Zugriffe auf die Benutzerdateien stark korreliert ist, konnte nicht überprüft werden. Wenn man, wie in Abschnitt 7.3.2 argumentiert, die Anzahl der Zugriffe aus Effizienzgründen nicht direkt messen will, muß die Korrelationsannahme gemacht werden. Die Qualität dieser Korrelation kann jedoch verbessert werden, wenn bei der Messung der Prozessorzeit solche Prozesse nicht beachtet werden, von denen bekannt ist, daß sie keine Zugriffe auf Benutzerdateien machen. Dies kann durch eine entsprechende Erweiterung der Benutzeraktivitätssensoren realisiert werden. Diese Erweiterung erhöht den Rechenaufwand bei der Messung. Da diese aber außerhalb der Arbeitszeit erfolgt (zwischen 0 und 1 Uhr) wird die Leistungsfähigkeit des Informationssystems während der Arbeitszeit nicht vermindert.

7.7.4 Verlegung von Benutzerverzeichnissen

Die Parameter a und b des Modells nach Gleichung (9) beschreiben das dynamische Verhalten der Benutzeraktivität und werden zur Entscheidung über die Plazierung der Benutzerverzeichnisse mit Hilfe des interaktiven Gestaltungswerkzeugs (vgl. Abschnitt 7.5) herangezogen. Um die Aktivität eines Benutzers auf verschiedenen Rechnern zu vergleichen, wird aus den Parametern a und b der Gleichgewichtsverstärkungsfaktor k berechnet:

$$k = \frac{\sum b_i}{1 + \sum a_i} \tag{15}$$

Die Tabelle in Bild 31 gibt diese Verstärkungsfaktoren k am Ende des Versuchszeitraums an. In der rechten Spalte sind die hieraus ermittelten bevorzugten Rechner der einzelnen Benutzer angegeben. Diese müssen mit den Rechnern verglichen werden, auf denen die Benutzerdateien gespeichert sind (vgl. Bild B-3 in Anhang B).

Benut- zer	Practix	Theorix	Rhetorix	bevorzugte Rechner
BA	14,6	0	0	Practix
EN	157	$\approx$0	178	Practix und Rhetorix
GO	$\approx$0	315	37,0	Theorix
NE	48	8,4	34,2	Practix und Rhetorix
RE	26	1,5	38	Practix und Rhetorix
SC	0,5	0,3	1711	Rhetorix
SI	2128	16,3	4,6	Practix

Bild 31: Gleichgewichtsverstärkungsfaktoren der geschätzten Modelle für die Benutzeraktivität

Die im Versuchsfeld gemessenen Daten zeigen, daß die tatsächliche Nutzung der Rechner durch vier der sieben Benutzer nicht mit der bestehenden Konfiguration des Dateisystems übereinstimmt. Die Dateien des Benutzers BA liegen auf dem Rechner Rhetorix, sein bevorzugter Rechner ist jedoch Practix. Seine Dateien sollten verlegt werden. Bei Benutzer EN liegen die Benutzerdateien auf einem der bevorzugten Rechner, sie müssen nicht verlegt werden. Für Benutzer GO liegen die Dateien auf dem Rechner Rhetorix, der bevorzugte Rechner ist Theorix. Eine Verlegung ist daher sinnvoll. Für die Benutzer NE und RE liegen die Benutzerdateien bereits auf einem der bevorzugten Rechner und müssen daher nicht verlegt werden. Die Dateien des Benutzers SC liegen auf dem Rechner Theorix, sein bevorzugter Rechner ist jedoch Rhetorix, eine Verlegung ist daher erforderlich. Für Benutzer SI ist der bevorzugte Rechner Practix, die Benutzerdateien liegen jedoch auf dem Rechner Rhetorix. Sie müssen verlegt werden.

Entsprechend der Regel 8 in Abschnitt 7.5 ist für die Priorität der Verlegung eine Reihenfolge entsprechend der Höhe der Benutzeraktivität und deren Konzentration auf einen Rechner festzulegen. Diese ist im vorliegenden Fall (absteigend): SI, SC, GO und BA.

7.8 Bewertung von Aufwand und Nutzen der Werkzeuge

7.8.1 Ermittlung des Aufwands

Mit Aufwand wird die Summe der Rechnerleistungen bezeichnet, die für die Systembeobachtung und Systemmodifikation bei der Verlegung von Benutzerverzeichnissen eingesetzt wird. Zur Quantifizierung der Rechnerleistung werden die Größen CPU-Zeit, Prozessorlast und absolute Dauer von Vorgängen verwendet.

Die Tabelle in Bild 32 gibt die im Versuchsfeld gemessene CPU-Zeit und Prozeßdauer in Sekunden für die Sensoren, den verteilten Kommunikationsdienst und ein Systembeobachtungszentrum (Komponenten der Systembeobachtung) an.

Programm (Sensor, Dämon, SOC)	CPU-Zeit in s	Dauer in s
NFS-Sensor	0,06	4
Prozessorlastsensor	0,06	2
Benutzeraktivitätssensor	22	48
identd (1 Auftrag)	0,34	1
SOC, Update (1 Auftrag)	0,22	2

Bild 32: Gemessener Aufwand bei der Systembeobachtung
(Meßgenauigkeit: 0.02 s bei CPU-Zeit, 1 s bei Dauer)

Die einzelnen Prozeßdauern sind so gering (kleiner als 1 Minute), daß eine Erhöhung der Prozessorlast (Abtastfrequenz 1/Minute) nicht gemessen werden kann.

Der NFS-Sensor und der Prozessorlastsensor berichten stündlich Meßwerte an ein Systembeobachtungszentrum. Entsprechend oft werden der Dämonprozeß identd und ein Systembeobachtungszentrum aufgerufen. Pro Rechner und Stunde ergibt sich somit ein Aufwand von 2,04 CPU-Sekunden durch die Beobachtung der NFS-Zugriffe und der Prozessorlast. Der Benutzerlastsensor, der einmal täglich außerhalb der Benutzerarbeitszeit aufgerufen wird, benötigt dagegen eine hohe CPU-Zeit von 22 s. Die rührt vor allem daher, daß die Betriebssystemdatei "/usr/adm/acct", die die Aufzeichnung aller Prozesse der letzten 3 Tage (ca. 10.000 Einträge) enthält, ausgewertet werden muß. Der Aufwand könnte durch eine Verkürzung des Aufzeichnungszeitraums proportional verringert werden.

Die Tabelle in Bild 33 gibt den im Versuchsfeld gemessenen Aufwand für die Systemmodifikation an. Gemessen wurden 12 Verlegungen von Benutzerverzeichnissen, je 6 mit einem großen Benutzerverzeichnis (9,3 MB) und einem kleinen Benutzerverzeichnis (3,8 MB). Die mittlere Größe eines Benutzerverzeichnisses im Versuchsfeld liegt bei ca. 5 MB.

Aufwandsmaß	großes Verzeichnis	kleines Verzeichnis	Mittelwert
Dauer	376 s	323 s	350 s
CPU-Zeit	198 s	87 s	145 s
Prozessorlast	1,45	1,11	1,28

Bild 33:   Gemessener Aufwand bei der Systemmodifikation
(Meßgenauigkeit: 1 s bei CPU-Zeit und Dauer; 0,01 bei Prozessorlast)

Die in Bild 33 angegebene CPU-Zeit ist die Summe der CPU-Zeiten aller beteiligten Prozesse auf allen Rechnern der Rechnerdomäne. Die Prozessorlast ist die Summe der durch die Verlegung des Benutzerverzeichnisses verursachten Erhöhungen der Prozessorlast auf den beteiligten Rechnern. Wie zu erwarten war, ist eine statistisch signifikante Abhängigkeit des Aufwands von der Größe des zu verlegenden Benutzerverzeichnisses erkennbar.

7.8.2 Ermittlung des Nutzens

Mit Hilfe der Systembeobachtung konnte festgestellt werden, daß 4 der 7 Benutzer ihr Benutzerverzeichnis nicht auf ihrem bevorzugten Rechner haben, also häufig Zugriffe auf entfernte Dateien machen müssen. Die Verlegung dieser Benutzerverzeichnisse entsprechend den Ergebnissen aus Abschnitt 7.7.4 reduziert die Zahl der entfernten Zugriffe auf dem bevorzugten Rechner auf 0. Dadurch wird die Gesamtbelastung der Rechner im Netzwerk geringer. Die Antwortzeiten der Programme für den Benutzer werden kürzer, da lokale Dateizugriffe schneller ablaufen und keine Zeitüberschreitungsfehler bei der Kommunikation mit entfernten Rechnern auftreten. Die Zugriffssicherheit und Datenverfügbarkeit wird erhöht, da der Zugang zu den Daten nur von der Funktionsfähigkeit der lokalen Arbeitsstation abhängt und nicht zusätzlich von der des entfernten Rechners.

Zur Quantifizierung des Nutzens muß zunächst das Benutzerverhalten mit Hilfe von dateisystembezogenen Elementaraktionen (Lesen und Schreiben von Dateien) modelliert werden. Anhand von Messungen des Aufwands bei der Ausführung der Elementaraktionen können Aussagen über den Nutzen gut plazierter Benutzerverzeichnisse gewonnen werden.

Wie in Abschnitt 7.7 erläutert, kann die tägliche Arbeit eines Benutzers bezüglich der Belastung des Dateisystems durch Lese- und Schreibzugriffe auf 30 MB Daten beschrieben werden. Eine Messung des Aufwands bei der Ausführung der Elementaraktionen Lesen und Schreiben (zusammengenommen Kopieren) einer Datei von 1 MB Größe ergibt die in Bild 34 angegebenen Werte.

Quelldateiort	Zieldateiort	CPU-Zeit in s	Dauer in s
lokal	lokal	1,52	12
lokal	entfernt	2,09	37
entfernt	entfernt	1,79	43

Bild 34: CPU-Zeit und Dauer des Kopierprozesses beim Kopieren einer Datei mit 1 MB Größe (Meßgenauigkeit: 0,02 s bei CPU-Zeit, 1 s bei Dauer)

Bei entfernten Zugriffen muß neben dem eigentlichen Prozeß (hier Kopierprozeß) auch der Aufwand bei den NFS-Dämonen nfsd und biod berücksichtigt werden. Dieser beträgt für nfsd (entfernter Rechner) 5 s CPU-Zeit und für biod (lokaler Rechner) 1,2 s CPU-Zeit beim Kopieren einer entfernten Datei von 1 MB Größe.

Hochgerechnet auf 30 MB ergibt sich somit eine Rechnerbelastung pro Tag und Benutzer von 45,6 CPU-Sekunden bei lokalen Dateien gegenüber 239,7 CPU-Sekunden bei entfernten Dateien (Faktor 5,2). Die Ausführungszeit des Zugriffs ist bei entfernten Dateien 3,58 mal so hoch.

7.8.3 Wertender Vergleich zwischen Aufwand und Nutzen

Von wesentlicher Bedeutung für die Benutzer eines verteilten Informationssystems sind der Nutzen und der Aufwand, die sich auf das Verhalten des Systems während der Arbeitszeit auswirken, z.B. in Form von verlängerten oder verkürzten Antwortzeiten, veränderter Häufigkeit von Zeitüberschreitungsfehlern bei Kommunikation mit entfernten Rechnern oder veränderter Datenverfügbarkeit.

Im betrachteten Anwendungsfall müssen nur der NFS-Sensor und der Prozessorlastsensor, die stündlich messen, während der Arbeitszeit der Benutzer eingesetzt werden. Der Aufwand pro Rechner und Tag beträgt dadurch 18,36 s CPU-Zeit bei einer Arbeitszeit von 9 Stunden. Die Dauer der Meßvorgänge ist gering (wenige Sekunden). Eine Erhöhung der Prozessorlast ist nicht meßbar.

Der Benutzeraktivitätssensor, der einen höheren Aufwand verursacht, läuft nur einmal täglich auf jedem Rechner kurz nach Mitternacht. Er verursacht dadurch keine Behinderung der Benutzer.

Die Verlegung eines Benutzerverzeichnisses verursacht einen hohen Aufwand von der Größenordnung einer täglichen Benutzeraktivität. Verlegungen müssen jedoch nur selten vorgenommen werden (im vorliegenden Fall 4 in einem Monat). Sie sollten außerhalb der Arbeitszeit erfolgen, da der betroffene Benutzer während des Vorgangs nicht an seinen Daten arbeiten sollte. Sie verursachen in diesem Fall keine Behinderung der Benutzer während der Arbeitszeit.

Der quantifizierbare Nutzen in Form von vermiedener Rechnerbelastung während der Arbeitszeit der Benutzer ist eine um den Faktor 5,2 verringerte CPU-Zeit beim Lese- und Schreibzugriff auf Benutzerdateien und eine Verkürzung der Zugriffsdauer um den Faktor 3,58. Durch die dadurch insgesamt geringere Belastung der Rechner wird auch die Häufigkeit der Zeitüberschreitungsfehler bei der Kommunikation mit entfernten Rechnern verringert.

Wenn man annimmt, daß die Benutzer nicht jeden Tag durchgehend Programmentwicklung durchführen, sondern dies nur zu etwa 30 % ihrer Arbeitszeit tun, so ergibt sich bei insgesamt 118 Arbeitstagen der Benutzer innerhalb des Versuchszeitraums ein Nutzen in Höhe von 6871 s vermiedener CPU-Zeit. Dem steht ein Aufwand in Höhe von 1102 s CPU-Zeit durch stündliche Messungen auf 3 Rechnern an 20 Arbeitstagen gegenüber. Die Nettobelastung des Informationssystems während der Arbeitszeit der Benutzer konnte um 5769 s CPU-Zeit gesenkt werden. Dies entspricht der monatlichen Benutzeraktivität eines durchschnittlichen Benutzers.

7.9 Anwendung auf andere Teilprobleme der Gestaltung und des Managements verteilter Informationssysteme

In diesem Kapitel wurde die Realisierung und Anwendung der Systemarchitektur aus Kapitel 6 für eine wesentliche Basiskomponente verteilter Informationssysteme, einem Netzwerk-Dateisystem, in einem durch Projektarbeit bestimmten Arbeitssystem gezeigt. Die Erprobung der Werkzeuge der Systemarchitektur in einer Forschungs- und Entwicklungsabteilung hat die Funktionsfähigkeit der Werkzeuge demonstriert und ihr Potential für den arbeitssystemgerechten Einsatz eines Netzwerk-Dateisystems aufgezeigt. Dieses besteht darin, in einem laufenden Informationssystem durch Messung der aktuellen Benutzeraktivität, Prozessorlast und Häufigkeit der Dateisystemzugriffe Konfigurationsmängel zu erkennen und zu beheben, die durch veränderten Systemeinsatz oder Veränderung des Benutzerverhaltens entstanden sind. Im vorliegenden Fall wurde erkannt, daß die Dateien von vier Benutzern auf falschen Rechnern im Netzwerk gespeichert waren. Durch entsprechende Verlegung dieser Verzeichnisse mit Hilfe der Systemmodifikationswerkzeuge kann eine signifikante Verringerung der Rechnerbelastung während der Arbeitszeit der Benutzer und damit eine Verbesserung des Systemverhaltens erreicht werden. Analog ist das Problem der Plazierung von Programmdateien für Betriebssystem- und Anwenderprogramme gelöst worden (vgl. Abschnitt 7.2).

Die Werkzeuge der Systemarchitektur können in gleicher Weise auf die Gestaltung und das Management anderer Basiskomponenten verteilter Informationssysteme und Anwendungsprogramme angewandt werden. Ein Beispiel für die Anwendung auf die Basiskomponente *Kommunikationsnetzwerk* ist die Konfiguration der Netzwerkbeziehungen entsprechend den auftretenden Kommunikationsereignissen und Datenströmen. Beispiele für die Anwendung auf die Basiskomponente *Betriebssystem* sind die Synchronisation der Uhren auf zusammenarbeitenden Rechnern und die Plazierung von Betriebssystemdiensten wie Druckverarbeitung und Druckeransteuerung.

Ein Beispiel für die Anwendung auf *die Gestaltung und das Management eines Anwendungsprogramms* ist die dynamische Ermittlung von Mengengerüsten für Stamm- und Bewegungsdaten sowie Verarbeitungsvorgängen eines Produktionsplanungs- und -steuerungssystems. Davon abhängig können die Rechnerhardware und das PPS-Programmsystem verändert werden, z.B. durch Verlegung von Teilen der Datenbestände und Programme auf andere Rechner, durch Replizierung häufig auf verschiedenen Rechnern benutzter Programme und durch Verlagerung nicht interaktiver Rechenprozesse auf weniger beanspruchte Rechner.

Ein anderes Beispiel ist die Plazierung und Konfigurierung der Komponenten eines CAD-Systems (Programme, Bauteilbibliotheken und Konstruktionsprojektdateien) in der Konstruktion. Die Plazierung und eventuelle Replizierung von Programmen im verteilten Informationssystem erfolgt entsprechend der Anwendungshäufigkeit auf den einzelnen Rechnern. Bauteilbibliotheken und Konstruktionsprojektdateien werden auf die Arbeitsstation verlegt, von der aus am meisten auf sie zugegriffen wird. Die Realisierung der Gestaltungs- und Managementwerkzeuge kann wie im oben beschriebenen Anwendungsbeispiel erfolgen.

Die Erweiterung der Werkzeuge der Systemarchitektur zur Anwendung auf andere Gestaltungs- und Managementaufgaben beinhaltet die Erstellung der Sensoren zur Messung der gestaltungsrelevanten Größen, die Erstellung bzw. Erweiterung der Systembeobachtungszentren zur Behandlung dieser gemessenen Größen, die Erstellung spezifischer Gestaltungswerkzeuge entsprechend der Programmstruktur in Abschnitt 6.2.3 sowie die Erstellung der spezifischen Systemmodifikation.

Die Sensoren und die Moduln in den Systembeobachtungszentren können durch Spezialisierung von den bestehenden Sensoren bzw. Objekttypen für die Systembeobachtungszentren unter Verwendung der bestehenden Programmsegmente abgeleitet werden. Im verteilten Kommunikationsdienst können weitere Systembeobachtungszentren eingetragen werden. Die Erstellung der Gestaltungswerkzeuge und Moduln der Systemmodifikation ist von der Aufgabenstellung abhängig. Die Modellierung des Sachverhalts, die Gestaltungs- und Managementoperationen, -regeln und -algorithmen können nur problemspezifisch angegeben und implementiert werden. Die Struktur der Programme sowie deren allgemeine Moduln (z.B. Komponenten-Manager, Erstellungs-Manager, Bewertungs-Manager, Modellverwaltungs-System, vgl. Abschnitt 6.2.3.4) und Teile der speziellen Moduln können verwendet werden.

8   ZUSAMMENFASSUNG

Der Einsatz verteilter Informationssysteme in Produktionsunternehmen erfordert neben der Verfügbarkeit leistungsfähiger Systemkomponenten und Anwendungsprogramme eine aufgabengerechte organisatorische und technische Gestaltung sowie die Möglichkeit der kontinuierlichen Weiterentwicklung des verteilten Informationssystems. In der vorliegenden Arbeit werden hierzu ein adaptiver Gestaltungs- und Managementansatz für verteilte Informationssysteme und eine Systemarchitektur für Werkzeuge zur Unterstützung der Gestaltung und des Managements verteilter Informationssysteme entwickelt und erprobt.

Zunächst werden die Anforderungen, die an die Gestaltung und das Management verteilter Informationssysteme zu stellen sind, ermittelt. Es können zwei Arten von Anforderungen unterschieden werden: generelle Anforderungen, die in der Struktur und der Funktionsweise verteilter Informationssysteme begründet sind, und spezifische Anforderungen, die aus der Anwendung im technischen Büro herrühren. Aufbauend auf diesen Anforderungen werden zehn Prämissen formuliert, die einem Gestaltungs- und Managementansatz für verteilte Informationssysteme zugrundegelegt werden müssen. Die wesentlichen Prämissen sind, daß Gestaltung und Management offen sind und inkrementelle Änderungen des Systems erlauben. Offenheit bedeutet hier, daß bei Gestaltung und Management von begrenztem Einfluß auf und partiellem Wissen über das verteilte Informationssystem ausgegangen wird. Um die Komplexität der Gestaltungsaufgabe zu reduzieren, muß sie in Teilaufgaben zerlegt werden; partielles Gestalten muß möglich sein. Da das verteilte Informationssystem Teil eines Mensch-Maschine-Systems ist, muß auch die Gestaltung als Mensch-Maschine-System realisiert werden. Auf diese Weise können Wissen aus dem Anwendungsgebiet sowie organisatorische und technische Aspekte einbezogen werden. Wenn bereits ein verteiltes Informationssystem vorhanden ist, können in ihm gestaltungsrelevante Daten ermittelt werden.

Der phasenorientierte Projektansatz, das Prototyping und der evolutive Ansatz zur Gestaltung von Informationssystemen werden diesen Prämissen nicht gerecht. Daher wird ein parameteradaptiver Gestaltungs- und Managementansatz für verteilte Informationssysteme entwickelt, der ein quasistatisches, analytisches Entscheidungsmodell und eine dynamisch aktualisierte, parametrische Systembeschreibung beinhaltet. Er ermöglicht die dynamische Anpassung des Informationssystems an sich ändernde Anforderungen und Umgebungsbedingungen, behält aber die Sichtweise und Entscheidungsmodelle bei, die dem Gestalter vom Projektansatz bekannt sind. Dies ermöglicht die Einbeziehung eines Menschen als Gestalter bei der Systemanpassung.

Die Anwendung des adaptiven Gestaltungs- und Managementansatzes erfordert die Ermittlung eines Systemmodells und die Realisierung von Gestaltungseingriffen im laufenden Informationssystem. In der vorliegenden Arbeit wird hierzu eine Systemarchitektur für Gestaltungs- und Managementwerkzeuge, die selbst Bestandteile des verteilten Informationssystems sind, entwickelt. Entsprechend den Funktionen Identifikation, Entscheidung und Modifikation eines adaptiven Systems werden in der Systemarchitektur die Systembeobachtung, die interaktiven Gestaltungswerkzeuge und die Systemmodifikation unterschieden. Die Einteilung des Systems in Managementdomänen und die hierarchische Strukturierung der Systembeobachtung und der Systemmodifikation ermöglichen partielles Gestalten.

Ein wesentliches Teilproblem der Gestaltung verteilter Informationssysteme, die Plazierung von Benutzerdateien in einem Netzwerk-Dateisystem, wird mit dem adaptiven Ansatz gelöst. In dieser Arbeit wird die Systemarchitektur für die Gestaltungs- und Managementwerkzeuge auf vernetzten Unix-Rechnern mit dem Netzwerk-Dateisystem NFS realisiert. Die Realisierung umfaßt die Implementierung der Systembeobachtung, die aus Sensoren zur Messung der Benutzeraktivität, der Prozessorlast, der Netzwerk-Dateisystemaufrufe und der Speicherbelegung, Systembeobachtungszentren zur Aggregation der Meßwerte (Parameteridentifikation) und einem verteilten Kommunikationsdienst zur Meßwertübermittlung besteht. Weiter umfaßt sie die Implementierung der Systemmodifikation bestehend aus Systemmodifikationszentren auf Rechner- und Domänenebene. Sie verfügen über die Einzeloperationen, die zur Dateiverlegung auf den einzelnen Rechnern notwendig sind. Mit Hilfe eines interaktiven Managementprogramms kann der Gestalter das mit der Systembeobachtung ermittelte Systemmodell auswerten, geeignete Entscheidungen über die Verlegung von Dateien treffen und diese über die Systemmodifikation im Informationssystem ausführen.

Die Werkzeuge der Systemarchitektur wurden über einen Zeitraum von einem Monat in einer Forschungs- und Entwicklungsabteilung, die von kooperativer Arbeit in kurz- und mittelfristigen Projekten gekennzeichnet ist, eingesetzt und erprobt. Die Anwendbarkeit des Ansatzes, insbesondere die Verwendung eines quasistatischen Entscheidungsmodells, und die praktische Realisierbarkeit der Systemarchitektur können damit gezeigt werden. Die Messung des quantifizierbaren Aufwands und Nutzens in Form von Rechnerleistung, die mit dem Einsatz der Werkzeuge verbunden sind, hat ergeben, daß mit Hilfe der Werkzeuge eine signifikante Einsparung von Rechnerleistung erreicht werden kann. Dadurch werden die Gesamtbelastung der Rechner geringer und die Antwortzeiten der Programme für die Benutzer signifikant kürzer.

Die verwendeten Modelle für das dynamische Verhalten in verteilten Informationssystemen können mit den gemessenen Daten bestätigt werden. Es werden für die Prozessorlast, für die Anzahl der Aufrufe des Netzwerk-Dateisystems und für die Benutzeraktivität deterministische Abhängigkeiten von der Eingangsgröße Arbeitszeit festgestellt, die mit Eingrößensystemmodellen beschrieben werden können. Für die Prozessorlast und die Aufrufe des Netzwerk-Dateisystems, die auf den Rechnern über alle Benutzer gemittelt gemessen werden, können das Eingrößen-Zeitreihenmodell erster Ordnung und die Abtastzeit von einer Stunde bestätigt werden. Bei der Modellierung der individuellen Benutzeraktivität, die mit einer Abtastzeit von einem Tag gemessen wird, müssen die individuellen Arbeitstage als Eingangsgrößen berücksichtigt werden. Die funktionale Abhängigkeit kann mit einem proportionalen Modell mit Störgröße ausreichend genau beschrieben werden.

Der in dieser Arbeit entwickelte adaptive Ansatz und seine Realisierung für Netzwerk-Dateisysteme können als Grundlage weiterer Anwendungen auf Teilprobleme der Gestaltung und des Managements verteilter Informationssysteme dienen. Hier sind das allgemeine Problem der Plazierung statischer und dynamischer Objekte (Daten und Prozesse) und die Zeitsynchronisation in verteilten Systemen zu nennen.

Praktische Anwendung können die hier entwickelten Werkzeuge vor allem in solchen Arbeitssystemen finden, die durch Projektarbeit, häufige Änderungen im Arbeitsablauf und ein hohes Maß an kooperativer Arbeit gekennzeichnet sind. Dies gilt in besonderem Maße für produktionsnahe Bürobereiche in Unternehmen mit Einzel- und Kleinserienfertigung, z.B. im Anlagenbau und Sondermaschinenbau.

9 LITERATURVERZEICHNIS

/1/   Ackoff, R.L.:
Redesigning the Future, A Systems Approach to Societal Problems.
New York: Wiley, 1974.

/2/   Alves Marques, J.; Balter, R.; Cahill, V.; Guedes, P.; Harris, N.; Horn, C.,
Krakowiak, S.; Kramer, A.; Slattery, J.; Vandôme, G.:
Implementing the COMANDOS Architecture.
In: ESPRIT´88 Putting Technology to Use, Proceedings of the 5th Annual
ESPRIT Conference, Brussels 1988/ Hrsg. von Commission of the
European Communities.
Amsterdam: North-Holland, 1988, S. 1104-1157.

/3/   Anderson, T.W.:
The Statistical Analysis of Time Series.
New York: Wiley, 1971.

/4/   Ansoff, H.I.; Brandenburg, R.G.:
A Language for Organizational Design: Part I.
In: Management Science 17 (1971) Nr. 12, S. 705-731.

/5/   Ashby, W.R.:
An Introduction to Cybernetics.
London: Chapman & Hall, 1956.

/6/   Åström, K. J.:
Theory and Applications of Adaptive Control - A Survey.
In: Automatica 19 (1983) Nr. 5, S. 471-486.

/7/   Bacon, J.M.; Horn, C.; Langsford, A.; Mullender, S.J.; Zimmer, W.:
MANDIS: Architectural Basis for Management.
In: Research into Networks and Distributed Applications/ Hrsg. von R.
Speth.
Amsterdam; New York; Oxford; Tokyo: North-Holland, 1988, S. 795-809.

/8/   Barber, G.R.:
Office Semantics.
Cambridge, Massachussetts Institute of Technology, Ph.D. Dissertation,
1982.

- 124 -

/9/   Barron J.:
Dialogue and Process Design for Interactive Information Systems Using Taxis.
In: Proceedings of the ACM SIGOA Conference on Office Systems, Philadelphia, Juni 1982, S. 45-67.

/10/   Beer, S.:
Kybernetische Führungslehre.
Frankfurt; New York: Herder & Herder, 1973.

/11/   Behr, J.-P.; Durel, C.; Wilson, M.J.; Wright, J.B.:
A Distributed Abstract Object Machine for the Office.
In: Information Technology for Organizational Systems/ Hrsg. von H.-J. Bullinger, E.N. Protonotarios, D. Bouwhuis und F. Reim.
Amsterdam: North-Holland, 1988, S. 386-396.

/12/   Behr, Marhild von; Köhler, C.:
Alternativen der Arbeitsgestaltung.
In: CIM-Management 4 (1988) Nr. 6, S. 9-15.

/13/   Bessai, B.:
Auswirkungen der verteilten/dezentralisierten Datenverarbeitung auf die Wirtschaftlichkeit des EDV-Einsatzes.
In: Handwörterbuch der modernen Datenverarbeitung 131 (1986)/ Hrsg. von H. Heilmann et al.
Wiesbaden: Forkel-Verlag, 1986, S. 16-29.

/14/   Bocker, P.:
ISDN: Das diensteintegrierende digitale Nachrichtennetz: Konzept, Verfahren, Systeme.
Berlin; Heidelberg; New York; Tokyo: Springer, 1986.

/15/   Bracchi, G; Pernici, B:
Trends in Office Modeling.
In: Office Systems, Proceedings of the IFIP TC 8 Working Conference on Office Systems, Helsinki, Finnland, 29. 9. - 2.10.1985/ Hrsg. von A.A. Verrijn-Stuart; R.A. Hirschheim.
Amsterdam: North-Holland, 1986, S. 77-98.

/16/   Bracker, L.; Konsynski, B.:
The OFFIS-System - A Tool in Automated Office System Design.
In: AFIPS Office Automation Conference Digest (1984), S. 417-419.

/17/   Bull, G.M.:
A Paradigm for the Development of Distributed Systems.
Computer Science Technical Report TR-55.
Hatfield, U.K.: The Hatfield Polytechnic, 1986.

/18/   Bullen, C.V.; Benett, J.L.; Carlson, E.D.:
A Case Study of Office Workstation Use.
In: IBM Systems Journal 21 (1982) Nr. 3, S. 351-369.

/19/   Bullinger, H.-J.; Fähnrich, K.-P.; Niemeier, J.:
Computer-integrierte Informationsverarbeitung im Unternehmen der
Zukunft.
In: Online '88, 11. Europäische Kongreßmesse für Technische
Kommunikation, Hamburg Februar 1988, Kongreß III: Bürokommunikation:
Der Anwender im geistigen, organisatorischen und ökonomischen Wettlauf
mit der technischen Entwicklung/ Hrsg. von S. Sorg, S. 01.3.01-01.3.23.

/20/   Bullinger, H.-J.; Niemeier, J.; Huber, H.:
Computer Integrated Business (CIB)-Systeme.
In: CIM Management 3 (1987) Nr. 3, S. 12-19.

/21/   Ceri, S.:
Requirements Collection and Analysis in Information Systems Design.
In: Information Processing '86/ Hrsg. von H.J. Kugler.
Amsterdam: North-Holland, 1986, S. 205-214.

/22/   Checkland, P.:
Systems Thinking, Systems Practice.
New York: Wiley, 1981.

/23/   Churchman, C.W.:
Einführung in die Systemanalyse.
2. Auflage.
München: Verlag Moderne Industrie, 1971.

/24/   De, P.; Hsu, C.:
Adaptive Information Systems Control: A Reliability-Based Approach.
In: Journal of Management Information Systems 3 (1986) Nr. 2, S. 33-51.

/25/   Digital (Hrsg.):
Ultrix-32m Programmer's Manual, Version 2.0.
Merrymack, NH: Digital Equipment Corporation, 1987.

/26/   DIN (Hrsg.):
         Norm Entwurf DIN ISO 7498 05.82.
         Kommunikation Offener Systeme: Basis-Referenzmodell.
         Mai 1982.

/27/   ECMA (Hrsg.):
         Distributed Application Support Environment (DASE).
         Arbeitspapier, Draft 0.6, October 1986.

/28/   ECMA (Hrsg.):
         Open Distributed Processing Support Environment (ODP-SE).
         Arbeitspapier, Second Draft 0.6, Genf, 11. April 1986.

/29/   ECMA (Hrsg.):
         DASE Model.
         TC32-TG2 Arbeitspapier, Genf, October 1986.

/30/   ECMA (Hrsg.):
         Framework for Distributed Office Applications.
         Technical Report TR/42, Genf, Juli 1987.

/31/   Ehrhart, K.J.:
         Braucht der Mittelstand Informations-Management?
         In: Büroforum ´86, Informations-Management für die Praxis/Hrsg. von H.-J.
         Bullinger.
         Berlin; Heidelberg; New York; Tokyo: Springer, 1986, S. 677-702.

/32/   Ellis, C.A.:
         Information Control Nets: A Mathematical Model of Office.
         In: Proceedings of the ACM Conference on Simulation, Measurement and
         Modeling of Computer Systems.
         Boulder, CO: August 1979, S. 225-239.

/33/   Emery, F.E.; Trist, E.L.:
         Socio-technical systems.
         In: Management: Science, Models, and Techniques, Vol. 2/ Hrsg. von C.W.
         Churchman; M. Verhulst.
         New York: Pergamon, 1960.

/34/   [The New] Encyclopedia Britannica.
         15. Auflage.
         Chicago: Encyclopedia Britannica Inc., 1985, Band 4, S. 33.

/35/   Eveland, J.D.; Bikson, T.K.:
Evolving electronic communication networks: an empirical assessment.
In: Office: Technology and People 3 (1987), S. 103-128.

/36/   Feldman, M.S.:
Electronic mail and weak ties in organizations.
In: Office: Technology and People 3 (1987), S. 83-101.

/37/   Floyd, C.:
A Process-Oriented Approach to Software Development.
In: ICS '81, Systems Architecture, Proceedings of the Sixth ACM European
Regional Conference.
Westbury House, 1981, S. 285-294.

/38/   Floyd, C.:
A Systematic Look at Prototyping.
In: Approaches to Prototyping/ Hrsg. von R. Budde; K. Kuhlenkamp; L.
Mathiassen; H. Züllighoven.
Berlin; Heidelberg; New York; Tokyo: Springer, 1984, S. 1-18.

/39/   Fulton, J.:
X Window System, Version 11.
Release 2 Installation Guide and Release Notes.
Cambridge: Mass. Institute of Technology, X Consortium, 1988.

/40/   Gasser, L.:
The Integration of Computing and Routine Work.
In: ACM Transactions on Office Information Systems 4 (1986) Nr. 3, S. 205-
225.

/41/   Gibson, J.E.:
Nonlinear Automatic Control.
New York: McGraw-Hill, 1963.

/42/   Gilb, T.:
Evolutionäres Entwickeln - Eine alternative Methode des Software-
Engineering.
In: Computer Magazin 1/2/87, S. 17-19.

/43/   Giloi, W.K.:
Rechnerarchitektur.
Berlin; Heidelberg; New York; Tokyo: Springer, 1981.

/44/   Gomez, P.; Malik, F.; Oeller, K.-H.:
Systemmethodik - Grundlagen einer Methodik zur Erforschung und
Gestaltung komplexer soziotechnischer Systeme - Teil 1.
Bern; Stuttgart: Verlag Paul Haupt, 1975
Zugl. St. Gallen, Hochschule, Gemeinschaftliche Diss., 1975.

/45/   Grochla, E.:
Organisationstheoretische Ansätze zur Gestaltung rechner-unterstützter
Informationssysteme.
In: Angewandte Informatik 4 (1978), S. 141-149.

/46/   Grochla, E.:
Grundlagen der organisatorischen Gestaltung.
Stuttgart: Poeschel, 1982.

/47/   Gutzwiller, T.A.; Lehmann-Kahler, M.G.C., Oesterle, H.:
Computer Based Strategic Information Planning Architecture.
In: Information Technology for Organizational Systems/Hrsg. von H.-J.
Bullinger, E.N. Protonotarios, D. Bouwhuis, F. Reim.
Amsterdam: North-Holland, 1988, S. 347-354.

/48/   Haugeneder, H.; Lehmann, E.; Struß, P.:
Knowledge-Based Configuration of Operating Systems - Problems in
Modeling the Domain Knowledge.
In: Informatik Fachberichte 112, Wissensbasierte Systeme, GI-Kongreß
1985/ Hrsg. von W. Brauer und B. Radig.
Berlin; Heidelberg; New York; Tokyo: Springer, 1985, S. 121-134.

/49/   Hein, K.P.:
Information System Model and Architecture Generator.
In: IBM Systems Journal 24 (1985) Nr. 3/4, S. 213-235.

/50/   Heinrich, L.J.; Burgholzer, P.:
Systemplanung II.
München: Oldenbourg, 1986.

/51/   Hemmert, U.:
Entwicklung ablauforganisatorischer Sollkonzepte: Methodologische
Betrachtung unter Berücksichtigung von Reorganisationen im Bürobereich.
Aachen, Rheinisch-Westfälische Technische Hochschule, Diss., 1985.

/52/   Herbert, A.J.; Monk, J. (Hrsg.):
        ANSA Reference Manual. Release 00.03.
        Cambridge, UK: ANSA, 1987.

/53/   Hewitt, C.:
        Offices Are Open Systems.
        In: ACM Transactions on Office Information Systems 4 (1986) Nr. 3, S. 271-
        281.

/54/   Hewitt, C.; de Jong, P.:
        Open Systems.
        In: On Conceptual Modeling Perspectives from AI, Databases and
        Programming Languages/ Hrsg. von M.L. Brodie et al.
        New York; Berlin; Heidelberg; Tokyo: Springer, 1984, S. 147-164.

/55/   Hill, W.; Fehlbaum, R.; Ulrich, P.:
        Organisationslehre Band 2.
        3. Auflage.
        Bern; Stuttgart: Verlag Paul Haupt, 1981.

/56/   Hirsch, P.:
        Problemlösungsmethoden für die organisatorische Gestaltung von
        Bürosystemen.
        Stuttgart, Universität, (unveröffentlichte) Diplomarbeit vorgelegt am Institut
        für Industrielle Fertigung und Fabrikbetrieb, 1986.

/57/   Hirschheim, R.A.:
        Office Automation: A Social and Organizational Perspective.
        Chichester: Wiley, 1985.

/58/   Holland, J.H.:
        Adaptation in Natural and Artificial Systems.
        Ann Arbor: The University of Michigan Press, 1975.

/59/   Horn, C.J.; A.J. Ness; F. Reim:
        Construction and Management of Distributed Office Systems.
        In: Information Technology for Organizational Systems/ Hrsg. von H.-J.
        Bullinger, E.N. Protonotarios, D. Bouwhuis, F. Reim.
        Amsterdam: North-Holland, 1988, S. 378-385.

/60/   Howard, J.H.; Kazar, M.L.; Menees, S.G.; Nichols, A.; Satyanarayanan, M.;
        Sidebotham, R.N.; West, M.J.:

Scale and Performance in a Distributed File System.
In: ACM Transactions on Computer Systems 6 (1988) Nr. 1, S. 51-81.

/61/   IBM (Hrsg.):
Systems Applications Architecture. An Overview.
Broschüre GC 26-4341-2.
San Jose, CA, Februar 1988.

/62/   IEEE (Hrsg):
Project 802, Local Area Network Standards, IEEE Standard 802.3,
CSMA/CD Access Method and Physical Layer Specifications. Revision F,
Juli 1984.

/63/   Iivari, J.:
Taxonomy of the Experimental and Evolutionary Approaches to
Systemeering.
In: Evolutionary Information Systems/ Hrsg. von J. Hawgood.
Amsterdam: North-Holland, 1982, S. 101-119.

/64/   Infratest Kommunikationsforschung GmbH (Hrsg.):
Informations- und Datenverarbeitung in der Fertigungs- und
Grundstoffindustrie.
München, 1986.

/65/   Isermann, R.:
Digital Control Systems.
Berlin; Heidelberg; New York; Tokyo: Springer-Verlag, 1981.

/66/   ISO (Hrsg.):
OSI Management Framework.
Arbeitspapier ISO/TC97/SC 21/WG4, April 1986.

/67/   ISO (Hrsg.):
Report on Topic One - The Problem of ODP.
Arbeitspapier ISO/TC97/SC21/WG1 ODP/55.
Cambridge, UK: ANSA, 1987.

/68/   ISO (Hrsg.):
OSI Configuration and Name Management Service Definition.
Arbeitspapier ISO/TC 97/SC 21/WG4, 6. Juni 1987.

/69/   ISO (Hrsg.):
Information Processing Systems - Open Systems Interconnection - Basic

Reference Model Part 4 - OSI Management Framework, ISO/SC 21/WG4,
9. Juni 1987.

/70/   ISO (Hrsg.):
        Management Information Services - Structure of Management Information.
        Arbeitspapier ISO/TC97/SC 21/WG4, Juli 1987.

/71/   Jones, M.B.; Rashid, R.F.:
        Mach and Matchmaker: kernel and language support for object-oriented
        distributed systems.
        In: Proc. First ACM Conference on Object-Oriented Programming Systems,
        Languages and Applications (OOPSLA), Portland, OR, September 1986,
        S. 67-77.

/72/   Kalman, R.E.; Falb, P.L.; Arbib, M.A.:
        Topics in Mathematical System Theory.
        New York: McGraw-Hill, 1969.

/73/   Katz, D.; Kahn, R.:
        The Social Psychology of Organizations.
        New York: 1966.

/74/   Keen, P.G.W.:
        Adaptive Design For Decision Support Systems.
        In: Data Base 12 (1980), S. 31-40.

/75/   Keen, P.G.W.:
        Information Systems and Organizational Change.
        In: Communications of the ACM 24 (1981) Nr. 1, S. 24-33.

/76/   Kieback, A.; Kerber, W.:
        Prototyping as an Automatic Tool for Designing Office Systems.
        In: ESPRIT´87 Achievements and Impact, Proceedings of the 4th Annual
        ESPRIT Conference, Brussels, 28-29.9.1987/ Hrsg. von Commission of the
        European Communities.
        Amsterdam: North-Holland, 1987, S. 1091-1101.

/77/   Kieser, A.:
        Änderungen der formalen Organisationsstruktur in Organisations-
        entwicklungsprozessen.
        In: Organisation, Planung, Informationssysteme/ Hrsg. von E. Frese; P.

Schmitz; N. Szyperski.
Stuttgart: Poeschel, 1981, S. 37-57.

/78/   Kieser, A.; Kubicek, H.:
Organisation, 2. Auflage.
Berlin: De Gruyter, 1983.

/79/   Kirsch, W; Börsig, C.A.H.:
Reorganisationsprozesse.
In: Handwörterbuch der Organisation/ Hrsg. von E. Grochla.
2. Auflage
Stuttgart: Poeschel, 1980, Sp. 1569-1582.

/80/   Klein, H.K.:
Organizational Implications of Office Systems: Toward a Critical Social
Action Perspective.
In: Office Systems, Proceedings of the IFIP TC 8 Working Conference on
Office Systems, Helsinki, Finnland, 29. 9 - 2.10 1985/ Hrsg. von A.A. Verjin-
Stuart; R.A. Hirschheim.
Amsterdam: North-Holland, 1986, S. 143-161.

/81/   Kling, R; Iacono, S.:
The Control of Information Systems Development After Implementation.
In: Communications of the ACM 27 (1984) Nr. 12, S. 1218-1226.

/82/   Klingenberg, H.; Kränzle, H.-P.:
Kommunikationstechnik und Nutzerverhalten.
(Forschungsprojekt Bürokommunikation).
München: CW-Publikationen, 1983.

/83/   König, H.:
ADV/ORGA-Methode - Gesamtplanung der Bürokommunikation.
In: Neue Methoden zur Gestaltung der Büroarbeit/ Hrsg. von H.
Schönecker; M. Nippa.
Baden-Baden: FBO-Verlag, 1987.

/84/   Konsynski, B.R.; Bracker,L.C.; Bracker, J.R.:
Model for Specification of Office Communications.
In: IEEE Transactions on Communications, Vol. COM-30 (1982) Nr.1, S.
27-36.

/85/   Konsynski, B.R.; Kottemann, J.E.; Nunamaker, J.F.; Stott, J.W.:
        An Integrated Development Environment for Information Systems.
        In: Journal of Management Information Systems 4 (1984) Nr. 3, S. 64-104.

/86/   Krallmann, H.; Feiten, L.; Hoyer, R.; Kölzer, G.:
        Konzeption der Kommunikationsstrukturanalyse.
        Berlin, Technische Universität, unveröffentlichtes Manuskript, 1986.

/87/   Krüger, W.:
        Problemangepaßtes Management von Projekten.
        In: Zeitschrift für Organisation 56 (1987) Nr. 4, S. 207-216.

/88/   Kuntze, U.; Lay, G.; Wengel, J.:
        CAD/CAM-Anwendung, Kurzfassung der Umfrageergebnisse.
        Karlsruhe: Fraunhofer-Institut für Systemtechnik und Innovationsforschung,
        Mai 1987.

/89/   Langsford, A:
        Open Systems Management - The Implications for Distributed Processing
        Architecture.
        In: Information Processing '86/ Hrsg. von H.-J. Kugler.
        Amsterdam: North-Holland, 1986, S. 865-794.

/90/   Langsford, A.:
        MANDIS: An Experiment in Distributed Processing.
        In: Research into Networks and Distributed Applications EUTECO 88/ Hrsg.
        von R. Speth.
        Amsterdam: North-Holland, 1988, S. 787-794.

/91/   Lehman, M.M.:
        Program Evolution.
        In: Program Evolution, Processes of Software Change/ Hrsg. von M.M.
        Lehman; L.A. Belady.
        London: Academic Press, 1985, S. 9-39.

/92/   Lehmann, D.; Normann, G.; Schramm, G:
        NETCON: Ein Expertensystem zur Konfigurierung von lokalen Netzen auf
        der Basis des Bürosystems 5800.
        In: Expertensysteme´87, Konzepte und Werkzeuge/ Hrsg. von H. Balzert; G.
        Meyer; R. Lutze.
        Stuttgart: B.G. Teubner, 1987, S. 288-301.

/93/   Lehmann,E.:
SICONFEX ein Expertensystem für die Konfigurierung eines
Betriebssystems.
In: Informatik Fachberichte 108, GI/OCG/ÖGI - Jahrestagung 1985/ Hrsg.
von H.R. Hansen.
Berlin; Heidelberg; New York; Tokyo: Springer, 1985, S. 792-805.

/94/   Lehmann, H.:
Organisationskybernetik.
In: Handwörterbuch der Organisation/ Hrsg. von E. Grochla.
2. Auflage.
Stuttgart: Poeschel, 1980, Sp. 1569-1582.

/95/   Lockemann, P.C.; Mayr, H.C.:
Information System Design: Techniques and Software Support.
In: Information Processing ´86/ Hrsg. von H.-J. Kugler.
Amsterdam: North-Holland, 1986, S. 617-634.

/96/   Malik, F.F.:
Strategie des Managements komplexer Systeme: Ein Beitrag zur
Management-Kybernetik evolutionärer Systeme.
Bern: Verlag Paul Haupt, 1984.
Zugl. St. Gallen, Hochschule, Habilitationsschrift, 1984.

/97/   Martin, T; Ulich, E.; Warnecke H.-J.:
Angemessene Automation für flexible Fertigung - Teil 2.
In: wt Werkstattstechnik 78 (1988) Nr. 2, S. 119-122.

/98/   Maturana, H.R.:
The organization of the living: a theory of the living organization.
In: International Journal of Man-Machine Studies 7 (1975), S. 313-332.

/99/   McDermott, J.:
R1: A rule-based configurer of computer systems.
Pittsburgh, PA: Carnegie-Mellon Univ., Department of Computer Science,
Technical Report, 1980.

/100/   McDermott, J.:
XSEL: A Computer Sales Person´s Assistant.
In: Machine Intelligence 10/ Hrsg. von J.E. Hayes; D. Michie; Y.-H. Pao.
Ellis Horwood Ltd., 1982, S. 325-337.

/101/   McIntyre, S.; Nunamaker, J.; Konsynski, B.:
          PLEXPLAN: A Knowledge-Based System for IS-Planning.
          Tucson, AZ: University of Arizona, Technical Report, 1986.

/102/   McLean, E.R.; Soden, J.V.:
          Strategic Planning for MIS.
          New York: Wiley, 1977.

/103/   Mendel, J.M.; Fu, K.S.:
          Adaptive Learning and Pattern Recognition Systems.
          New York: Academic Press, 1970.

/104/   Mesarovic, M.D.; Macko, D.; Takahara, Y.:
          Theory of Hierarchical Multilevel Systems.
          New York: Academic Press, 1970.

/105/   Metcalfe, R.M.; Boggs, D.R.:
          Ethernet: Distributed Packet Switching for Local Computer Network.
          In: Communications of the ACM 19 (1976) Nr. 7, S. 395-404.

/106/   Mintzberg, H..
          Structure in Fives - Designing Effective Organizations,
          Englewood Cliffs, New York: Prentice-Hall, 1983

/107/   Mullender, S.:
          Principles of Distributed Operating System Design.
          Amsterdam: Vrije Universiteit, Diss., 1985.

/108/   Mylopoulos, J.; Borgida, A.; Greenspan, S.; Wong, H.;
          Information System Design at the Conceptual Level - The Taxis Project
          In: Database Engineering 7 (1984) Nr. 4, S. 4-9.

/109/   Ness, A.J.; Reim, F.; Hirsch, P.; Meitner, H.; Maier, T.M.; Hilber, J.; Kerber,
          G.:
          Specification of a Decision Support System for the Design of Distributed
          Office Systems.
          Stuttgart: Universität Stuttgart und Fraunhofer-Institut IAO,
          Forschungsbericht UoS/FhG-D1-T3.3.14-871009, Oktober 1987.

/110/   Ness, A.J.; Reim, F.; Meitner, H.; Makh, S.; Dawe, P.; Percy, R.A:
          Global Architecture of the Tools, Chapter 3 of the Global Architecture
          Report, Forschungsbericht UoS/IAO/ICL-D2-T2.1-870930.

Stuttgart: Universität Stuttgart und Fraunhofer Institut IAO.
Basingstoke: International Computers Limited, 1987.

/111/ Ness, A. J.; Reim,F.; Meitner,H.; Niemeier,J.:
Decision Support System for Planning and Design of Distributed Office
Systems.
Stuttgart: Universität Stuttgart und Fraunhofer-Institut IAO,
Forschungsbericht FhG-D1-T1.1-860829, August 1986.

/112/ Newell, A.; Simon, H.A.:
Human Problem Solving.
Englewood Cliffs, N.J.: Prentice-Hall, 1972.

/113/ Niemeier, J.; Ness, A.:
Modelle zur Analyse und Planung von Bürosystemen - Entwicklungstrends
im Methodenbereich.
In: Büroforum ´86 Informationsmanagement für die Praxis, 6. IAO-
Arbeitstagung , Stuttgart, 11.-12. November 1986/ Hrsg. von H.-J. Bullinger.
Berlin; Heidelberg; New York; Tokyo: Springer, 1986, S. 241-271.

/114/ Niemeier, J.; Ness, A., Reim, F.:
Werkzeuge zum Entwurf von verteilten Informationssystemen im Büro
– State of the Art und Ansätze zur Methodenintegration –.
In: Informationsbedarfsermittlung und –analyse für den Entwurf von
Informationssystemen/Hrsg. von R.R. Wagner, R. Traunmüller, H.C. Mayr.
Berlin; Heidelberg; New York; London; Paris; Tokyo: Springer, 1987,
S. 201- 226.

/115/ Nippa, M.:
Gestaltungsgrundsätze für die Büroorganisation.
Berlin: Erich Schmidt Verlag, 1988.
Zugl. München, Universität der Bundeswehr, Diss., 1987.

/116/ Nuber, C., R.; Schultz-Wild, R.; Fischer-Krippendorf, R.; Rehberg, F.:
EDV-Einsatz und computergestützte Integration in Fertigung und
Verwaltung von Industriebetrieben.
München: Institut für sozialwissenschaftliche Forschung e.V.,1987.

/117/ Nutt, G. J.:
An Experimental Distributed Modeling System.
In: ACM Transactions on Office Information Systems 1 (1983) Nr. 2, S. 117-
142.

/118/ Nutt, G. J.; Ricci, P.A.:
Quinault: An Office Modeling System.
In: Computer 14 (1981) Nr.5, S. 41-57.

/119/ Olle, T.W.; Sol, H.G.; Tully, C.J.:
Information Systems Design Methodologies: A Feature Analysis.
Amsterdam; Oxford; New York: North-Holland, 1983.

/120/ Olle, T.W.; Sol, H.G.; Verrijn-Stuart, A.A.:
Information System Design Methodologies: A Comparative Review.
Amsterdam; Oxford; New York: North-Holland, 1982.

/121/ o.V.:
Interviews Reference Manual, Version 2.3.
Stanford: Stanford University, Computer Systems Laboratory, 1988.

/122/ Pape, G. von:
Mit MOSAIK die Büro-Arbeit wirtschaftlich gestalten -
Informationsverarbeitung und Kommunikation im Büro mit dem
Beratungskonzept OECOS.
In: Rechnergestützte Planung und Gestaltung von
Büroinformationssystemen/ Hrsg. von R. Hoyer; G. Kölzer.
Berlin: Erich Schmidt Verlag, 1988, S. 43-60.

/123/ Papke, T.:
Datenallokationsplanung in verteilten Informationssystemen.
München: Minerva Publikation, 1985.
Zugl. Münster, Universität, Diss., 1985.

/124/ Pietsch, Th.; Hoyer, R.; Kölzer, G.; Fuhrmann, S.; Feiten, L.; Fried, A.:
Praxiseinsatz der Kommunikationsstrukturanalyse (KSA) zur Untersuchung
und Gestaltung des Bürobereichs.
In: Rechnergestützte Planung und Gestaltung von
Büroinformationssystemen/ Hrsg. von R. Hoyer; G. Kölzer.
Berlin: Erich Schmidt Verlag, 1988, S. 11-42.

/125/ Porter, M.:
Wettbewerbsvorteile (Competitive Advantage).
Frankfurt: Campus Verlag, 1986.

/126/ Preis, A.:
FIBA - Funktions-Informations-Bedarfs-Analyse für die plan- und meßbare

Anhebung der Verwaltungsproduktivität.
In: Neue Methoden zur Gestaltung der Büroarbeit/ Hrsg. von H.
Schönecker; M. Nippa.
Baden-Baden: FBO-Verlag, 1987, S. 103-123.

/127/ Reindl, E.:
VERIKS, ein DV-gestütztes System für die Analyse und die Gestaltung von
Bürokommunikations-Systemen.
In: Rechnergestützte Planung und Gestaltung von
Büroinformationssystemen/ Hrsg. von R. Hoyer; G. Kölzer.
Berlin: Erich Schmidt Verlag, 1988, S. 97-115.

/128/ Rockart, J. F.:
Chief executives define their own data needs.
In: Harvard Business Review, March/April 1979, S. 81-93.

/129/ Saridis, G.N.:
Self-Organizing Control of Stochastic Systems.
New York; Basel: Marcel Dekker, 1977.

/130/ Schäfer, G.; Bjørn-Andersen, N.; Domke, M.; Hansjee, R.; Harper, M.;
Hirschheim,R.:
Functional Analysis of Office Requirements, Main Report ESPRIT-Projekt
56.
Köln: BIFOA, 1987.

/131/ Scheer, A.-W.:
Wirtschaftsinformatik.
Berlin; Heidelberg; New York; London; Paris; Tokyo: Springer, 1988.

/132/ Scheer, A.-W.:
Unternehmensmodell (UDM) als Grundlage integrierter
Informationssysteme.
In: ZfB 58 (1988) Nr. 10, S. 1091-1114.

/133/ Schellhaas, H.:
CORAN - Eine PC-gestützte Methode für die Planung und Realisierung von
Kommunikationssystemen.
In: Electronic Journal (1987) Nr. 4, S. 309-312.

/134/   Schneider, H.-J. (Hrsg.):
Lexikon der Informatik und Datenverarbeitung.
München: Oldenbourg, 1983.

/135/   Schuhmacher, F.:
POKAL - PC-gestützte, organisationsunabhängige
Kommunikationsanalyse.
In: Neue Methoden zur Gestaltung der Büroarbeit/ Hrsg. von H.
Schönecker; M. Nippa.
Baden-Baden: FBO-Verlag, 1987.

/136/   Schulz, H.; Bölzing, D.:
"CIM-Status" für strategische Investitionsplanung.
In: CIM Management 4 (1988) Nr. 4, S. 4-9.

/137/   Siemens AG (Hrsg.):
Interne Kommunikationsstudie des Unternehmensbereichs
Nachrichtentechnik.
München, Interner Projektbericht, Juni 1985.

/138/   Siemens AG (Hrsg.):
PLAKOM - Das Werkzeug für die organisierte Bürokommunikation, Version
3.
Berlin; München: Siemens, Juli 1985.

/139/   Siemens AG (Hrsg.):
Kommunikationsuntersuchung eines Geschäftsbereichs.
Wien: Siemens, Interner Projektbericht, Juni 1986.

/140/   Siemens AG (Hrsg.):
Kommunikationsuntersuchung in einem Produktionswerk für
Rechnerperipherie.
München: Siemens, Interner Projektbericht, August 1986.

/141/   Siemens AG (Hrsg.):
Kommunikationsanalyse und grobes Sollkonzept.
München: Siemens, Interner Projektbericht, Dezember 1986.

/142/   Siemens AG (Hrsg.):
Kommunikationsuntersuchung für ein Landesministerium.
München: Siemens, Interner Projektbericht, Mai 1988.

/143/   Simon, H.A.:
The New Science of Management Decision.
New York: Harper & Row, 1960.

/144/   Skrabutenas, E.; Yates, J.:
The Unix System's Bright Future.
In: The Unix System Encyclopedia/ Hrsg. von J. Yates.
Los Altos, CA: Yates Ventures, 1984, S. 27-32.

/145/   Sloman, M.:
Distributed Systems Management - A Report.
London: Imperial College, Department of Computing, April 1987.

/146/   Society for Manufacturing Engineering (Hrsg.):
Network Management Requirements Specification, MAP 3.0 Chapter 11.
Dearborn, MI: SME, 20. Juli 1987.

/147/   Sprague, R.H.; Carlson, E.D.:
Decision Support Systems.
Englewood Cliffs: Prentice Hall, 1982.

/148/   Sprüngli, R.K.:
Evolution und Management: Ansätze zu einer evolutionistischen
Betrachtung sozialer Systeme.
Bern: Verlag Paul Haupt, 1981.
Zugl. St. Gallen, Hochschule, Diss. Nr. 820, 1981.

/149/   Stahlknecht, P.:
Einführung in die Wirtschaftsinformatik.
2. überarbeitete und erweiterte Auflage.
Berlin; Heidelberg; New York; Tokyo: Springer, 1985.

/150/   Streich, H.; Sylla, K.-H.; Züllinghoven, H.:
Bemerkungen zum Prototyping.
In: Informatik Fachberichte 73, Proceedings GI - 13. Jahrestagung/ Hrsg.
von I. Kupka.
Berlin; Heidelberg; New York; Tokyo: Springer, 1983, S. 344-456.

/151/   Striening, H.-D.:
Prozeß-Management.
Frankfurt; Bern; New York; Paris: Peter Lang, 1988.
Zugl. Kaiserslautern, Universität, Diss., 1988.

/152/   SUN (Hrsg.):
        SunOS 3.2 Doku-8: Networking on the Sun Workstation.
        Mountain View, CA, Februar 1986.

/153/   Suppan-Borowka, J.; Simon,T.:
        MAP Datenkommunikation in der automatisierten Fertigung: Grundlagen,
        Probleme, Alternativen, Lösungen.
        Puchheim: Datacom Buchverlag, 1986.

/154/   Swanson, E.B.:
        A View of Information System Evolution.
        In: Evolutionary Information Systems/ Hrsg. von J. Hawgood.
        Amsterdam: North-Holland, 1982, S. 55-62.

/155/   Tomlin, B.:
        Inter-location technical communication in a geographically dispersed
        research organization.
        In: Research & Development Management 11 (1981) Nr. 1, S. 19-23.

/156/   Tsichritzis, D.C.:
        Objectworld.
        In: Office Automation, Concepts and Tools/ Hrsg. von D.C. Tsichritzis.
        Berlin; Heidelberg; New York; Tokyo: Springer, 1985, S. 379-398.

/157/   Tushman, M.L.:
        Special Boundary Roles in the Innovation Process.
        In: Administrative Science Quarterly 22 (1977), S. 587-605.

/158/   Van Gigch, J.P.; Kramer, N.J.T.A.:
        A Taxonomy of Systems Science.
        In: Int. Journal of Man-Machine Studies 14 (1981), S. 179-191.

/159/   Van Gigch, J.P.; Pipino, L.L.:
        From Absolute to Probable and Fuzzy in Decision Making.
        In: Kybernetes 9 (1980), S. 47-55.

/160/   VDI (Hrsg.):
        Entwurf VDI-Richtlinie 5003, Bürokommunikation - Methoden zur Analyse
        und Gestaltung von Arbeitssystemen im Büro.
        Düsseldorf: 1987.

/161/   Verrjin-Stuart , A.A.:
        An Analysis of Office Systems Problems.

In: Office Systems, Proceedings of the IFIP TC 8 Working Conference on
Office Systems, Helsinki, Finnland, 29. 9 - 2.10 1985./ Hrsg. von A.A.
Verjin-Stuart; R.A. Hirschheim.
Amsterdam: North-Holland, 1986, S. 1-10.

/162/   Warnecke, H.-J.:
Rechnereinsatz in der Produktion.
In: Elektronische Rechenanlagen 27 (1985) Nr. 3, S. 133-141.

/163/   Wasserman, A.I.: Freeman, P.; Porcella, M.:
Characteristics of Software Development Methodologies.
In: Information Systems Design Methodologies: A Feature Analysis/ Hrsg.
von T.W. Olle; H.G. Sol; C.J. Tully.
Amsterdam; Oxford; New York: North-Holland, 1983, S. 37-62.

/164/   Weck, M.; Goedecke, G.; Reinermann, C; Friedrich, A.:
Lösungen für den Informationsfluß in CIM-Systemen und deren Grenzen.
In: Zeitschrift für wirtschaftliche Fertigung 82 (1987) Nr. 4, S. 183-189.

/165/   Wedekind, H.:
Grundbegriffe verteilter Systeme aus der Sicht der Anwendung.
In: Datenverteilung in Rechnernetzen - Grundlagen und Implementierung/
Hrsg. von H. Wedekind.
Erlangen, Nürnberg: Friedrich-Alexander-Universität, Arbeitsberichte des
Instituts für mathemathische Maschinen und Datenverarbeitung
(Informatik), Bd. 21, Nr.1, Jan. 1988, S. 1-20.

/166/   Wiener, N.:
Cybernetics.
New York: Wiley, 1948.

/167/   Winston, P.H.:
Artificial Intelligence.
2. Auflage.
Reading: Addison-Wesley, 1984.

/168/   Zeigler, B.P; Reynolds, R.G.:
Towards a Theory of Adaptive Computer Architectures.
In: Proceedings of the 5th International Conference on Distributed
Programming.
Denver, CO: Mai 1985, S. 468-475.

/169/   Zeleny, M.:
         Self-organization of living systems: a formal model of autopoiesis.
         In: International Journal General Systems 4 (1977), S. 13-28.

/170/   Zimmermann, H.; Guillemont, M.; Morisset, G.; Banino, J.S.:
         Chorus: A Communication and Processing Architecture for Distributed
         Systems.
         Rocquencourt, Frankreich: INRIA, Research Report 328, 1984.

Strukturierte Beschreibung der Gestaltungswerkzeuge

Im folgenden sind die in Abschnitt 4.2.2 genannten rechnerunterstützten Gestaltungswerkzeuge für Informationssysteme anhand des in Abschnitt 4.2.1 definierten Beschreibungsrahmens dargestellt.

MOSAIK (Modulares, organisationsbezogenes System zur Analyse und Implementierung von Kommunikationstechnik)

MOSAIK ist eine mehrstufige Methode zur Ermittlung und Analyse von Kommunikationsdaten in technischen und administrativen Büros. Wesentliche Teile der Methode, insbesondere zur Darstellung und Auswertung der erhobenen Daten, sind rechnerunterstützt (vgl. PAPE /122/, VDI /160/).

Gestaltungsaufgabe: MOSAIK unterstützt sowohl die Gestaltung von Arbeitssystemen im Büro als auch die von Informationssystemen.

Funktionale Entscheidungskomponenten: Der Schwerpunkt der rechnerunterstützten Komponenten liegt auf der Analyse, insbesondere der Erhebung von Kommunikationsdaten, ihre Erfassung in einem Rechner sowie ihre Aggregation und Darstellung.

Methodenbezogene Eigenschaften: Das Ziel, das mit MOSAIK verfolgt wird, ist die Einführung von Informations- und Kommunikationssystemen. Die Vorgehensweise erfolgt ausgehend von den ermittelten Daten bottom-up (von unten nach oben gerichtet). MOSAIK folgt einem phasenorientierten Stufenkonzept zur Ermittlung und Eingrenzung der wichtigsten Kommunikationsprobleme im Untersuchungsfeld. Die Entwickler von MOSAIK bezeichnen es als unabhängig von einem bestimmten Informationssystem.

Modellbezogene Eigenschaften: Es wird ein prozeßorientiertes Modell eingesetzt. Ein "Büroprodukt" wird in einer deterministischen Abfolge von Büroaufgaben (Büroprozeß) erstellt. Zur Ermittlung von Kommunikationsbeziehungen werden datenorientierte Modellelemente verwendet. Die Modelle für Prozeß- und Kommunikationsanalyse sind voneinander getrennt. Verteilung wird in der Kommunikationsanalyse organisatorisch und örtlich betrachtet. Die Modelle sind deskriptiv.

Aufgrund der Unabhängigkeit von bestimmten Informationssystemen ist diesbezüglich der Detaillierungsgrad des Modells gering.

Status: Die Entwicklung von MOSAIK begann 1984 mit einer Kooperation der Universität München, der Bundeswehrhochschule München, dem Institut für angewandte Wirtschaftsforschung und der Siemens AG. Seit 1986 wird MOSAIK eingesetzt und kontinuierlich weiterentwickelt.

PLAKOM (Planungsverfahren zur Erarbeitung von Kommunikationskonzepten)

PLAKOM ist eine rechnerunterstützte Methode zur Ermittlung und Darstellung von Kommunikationsstrukturen in Organisationen und zur groben Auswahl geeigneter Kommunikations- und Informationssysteme (vgl. SIEMENS /138/, VDI /160/).

Gestaltungsaufgabe: PLAKOM unterstützt die technische Bürogestaltung, insbesondere die Auswahl der Kommunikationsdienste des verteilten Informationssystems.

Funktionale Entscheidungskomponenten: Die Analyse wird unterstützt. Für die Lösungserstellung und -bewertung besteht nur eine rudimentäre Hilfe in Form eines Lösungsrasters für Kommunikationskonzepte.

Methodenbezogene Eigenschaften: Ziel ist eine Effizienzerhöhung im Büro durch Einführung neuer Kommunikationssysteme. PLAKOM verfolgt einen phasenorientierten Projektansatz, der mit 3 Werkzeugen unterstützt wird und mit der Erhebung von Ist-Daten beginnt. Die Vorgehensweise ist "bottom-up".

Modellbezogene Eigenschaften: PLAKOM verwendet ein einfaches datenorientiertes Modell mit Büroaufgaben, Stellen und Kommunikationsbeziehungen zwischen Stellen. Verteilung wird hierbei örtlich und organisatorisch als Eigenschaften der Stellen berücksichtigt. Die Modellelemente sind deskriptiv. Das Lösungsraster (siehe oben) enthält normative Bestandteile.

Status: PLAKOM wurde 1981/1982 bei Siemens entwickelt und in über 30 Projekten eingesetzt.

Kommunikationsanalysen- und Kommunikationsnetzwerkanalysen-basierte Werkzeuge

Es existieren eine Reihe von Werkzeugen und Methoden, deren Kern eine Kommunikationsanalyse ist. Hierzu gehören die ADV/ORGA-Methode (vgl. KÖNIG /83/), CORAN, Communication Oriented Application Analysis (vgl. SCHELLHAAS /133/), FIBA, Funktions-Informations-Bedarfs-Analyse (vgl. PREIS /126/), POKAL, PC-gestützte, organisationsunabhängige Kommunikationsanalyse (vgl. SCHUMACHER /135/) und VERIKS, Verbesserung der innerbetrieblichen Kommunikationssysteme (vgl. REINDL /127/). Für eine bestehende Organisation werden die Kommunikationsbeziehungen, die von einem Informationssystem zu unterstützen sind, ermittelt und dargestellt. Dies erfolgt im Hinblick auf Stellen oder Bürovorgänge und -aktivitäten.

Gestaltungsaufgabe: Büro- und Informationssystemgestaltung werden durch Anforderungserhebung unterstützt.

Funktionale Entscheidungskomponente: Es wird die Analyse (Datenerfassung, –aggregation und –darstellung) unterstützt.

Methodenbezogene Eigenschaften: Das Ziel ist die Einführung von Informationstechnik in bestehenden Organisationen. Es wird ein phasenorientierter Projektansatz verfolgt. Die Vorgehensweise ist "bottom-up", ausgehend von gesammelten Daten.

Modellbezogene Eigenschaften: Die verwendeten Modelle beinhalten datenorientierte Elemente mit Stellen und ihren Informationskanälen. Bei Einbeziehung der Bürovorgänge wird das Modell um prozeßorientierte Bestandteile erweitert. Die Modelle werden in der Regel in einer Datenbank abgelegt. Verteilung wird explizit durch den Standort der Stellen betrachtet. Der Detaillierungsgrad bezüglich eines verteilten Informationssystems ist gering, da nur Kommunikationskanäle untersucht werden.

Status: Die oben genannten Werkzeuge sind im kommerziellen Einsatz. Die Kommunikationsanalyse ist ein etabliertes Analyseverfahren.

ISMOD (Information System Model and Architecture Generator)

ISMOD dient zur Analyse von Informationsbeziehungen und -bedürfnissen eines Unternehmens. Es werden logisch zusammenhängende Vorgänge und Aktivitäten identifiziert, die die Bildung von Subsystemen im Unternehmen zulassen. Simulation erlaubt die Untersuchung geänderter Subsystemstrukturen. Als Maß dient dabei die Benutzerzufriedenheit (vgl. HEIN /49/).

Gestaltungsaufgabe: ISMOD unterstützt die Bürogestaltung und liefert Anforderungen für die Gestaltung des Informationssytems. Die bestehenden Informationsbeziehungen werden untersucht und mittels eines Zufriedenheitsmaßes der beteiligten Mitarbeiter bewertet.

Funktionale Entscheidungskomponenten: Im wesentlichen werden Analyse und Lösungserstellung unterstützt. Die Lösungsbewertung wird mittels der Simulation nur in Teilbereichen betrachtet.

Methodenbezogene Eigenschaften: Die Benutzerzufriedenheit im Unternehmen mit dem Informationssystem ist das zentrale Bewertungskriterium. Eine Grundannahme ist, daß die Vorgänge im Unternehmen bekannt und wenig veränderlich sind. Der Grad der Interaktion ist das Kriterium zur Zerlegung des Unternehmens in Subsysteme. Diese Zerlegung erfolgt in einem "top-down" Ansatz. ISMOD unterscheidet 4 Phasen: Unternehmensanalyse, Untersuchung, Diagnose und Schlußbericht. Eine Veränderung des Arbeitssystems wird als abgeschlossenes Projekt durchgeführt.

Modellbezogene Eigenschaften: ISMOD verwendet eine primär prozeß-orientierte Sicht auf das Unternehmen. Arbeitsvorgänge und Informationsflüsse werden identifiziert. Ihnen werden die benötigten Daten zugerechnet. Der Isomorphismus zwischen prozeß- und datenorientierter Betrachtung wird ausgenutzt, um eine Verteilung der Daten auf die Subsysteme vornehmen zu können. Geographische Verteilung wird berücksichtigt. Die Modellierung der Prozeß- und Aufgabenzusammenhänge ist im wesentlichen deskriptiv. Die Betrachtung der Mitarbeiterzufriedenheit erlaubt wertende Aussagen. Der Detaillierungsgrad bezüglich eines Informationssystems ist gering, da auf die Implementierung der Informationsbeziehungen nicht eingegangen wird.

Status: ISMOD wird seit 1984/1985 als IBM-Produkt angeboten.

KSA (Kommunikations-Struktur-Analyse)

KSA ist eine Methode zur Analyse und Verbesserung betrieblicher Informations- und Kommunikationssysteme (vgl. KRALLMANN et al. /86/, VDI /160/, PIETSCH et al. /124/). Sie wird durch Analyse- und Gestaltungswerkzeuge in Form von Rechnerprogrammen unterstützt. Diese werden hier betrachtet.

Gestaltungsaufgabe: KSA unterstützt die Bürogestaltung und die Informationssystemgestaltung.

Funktionale Entscheidungskomponenten: Der Schwerpunkt liegt auf der Analyse. Erhebungsdaten werden in einer relationalen Datenbank gespeichert. Mit Hilfe graphischer und tabellarischer Auswertungen sowie eines Simulators lassen sich diese Daten aggregieren. Die Lösungserstellung wird durch einen Modelleditor unterstützt.

Methodenbezogene Eigenschaften: Das Ziel ist die Verbesserung der Ablauforganisation durch Optimierung von Elementaraufgaben mittels Informationstechnik und durch Umstrukturierung der Arbeitsabläufe. KSA kann zur Neuimplementierung und Änderung eines Informationssystems eingesetzt werden. Da ein Projekt in Phasen durchgeführt wird, ist die Änderung einmalig und nicht kontinuierlich. Es wird eine hierarchische Aufgabenzerlegung vorgenommen. Die Erarbeitung einer besseren Lösung erfolgt, ausgehend vom Ist-Zustand, schrittweise und iterativ. Da gemessene Daten verwendet werden, ist die Vorgehensweise "bottom-up".

Modellbezogene Eigenschaften: KSA verfolgt einen prozeßorientierten Ansatz. Ein Prozeß ist aus Aktivitäten zusammengesetzt und beinhaltet einen Informationsfluß. Verteilung wird örtlich als Standort und organisatorisch als Abteilungszugehörigkeit von Stellen berücksichtigt.

Status: Die Entwicklung von KSA begann Mitte der achtziger Jahre an der Technischen Universität Berlin als DFG-gefördertes Projekt. Prototypische Einsätze der Erhebungskomponenten werden durchgeführt. Teile von KSA sind zur Zeit noch in der Realisierungs- und Testphase (Simulator).

OFFIS (Office Information Specification)

OFFIS ist ein interaktives Programmsystem bestehend aus einer Bürobe-
schreibungssprache mit Editor, einer Büromodelldatenbank und einem Auswertungsprogramm (vgl. BRACKER UND KONSYNSKI /16/, KONSYNSKI, BRACKER
UND BRACKER /84/).

Gestaltungsaufgabe: OFFIS unterstützt die Bürogestaltung und die Informationssystemgestaltung. Der Schwerpunkt liegt auf der Bürogestaltung.

Funktionale Entscheidungskomponente: Hauptsächlich wird die Lösungserstellung unterstützt. Das Auswertungsprogramm erlaubt wenig mehr als syntaktische Prüfungen, die Lösungsbewertung wird daher nur teilweise unterstützt.

Methodenbezogene Eigenschaften: OFFIS verfolgt einen "top-down"-Ansatz
für die Gestaltung. Datenerhebung und Auswertung sind nicht Bestandteil von OF-
FIS, es wird vielmehr angenommen, daß der Organisator mit der Ist-Situation ver-
traut ist. Der Gestaltungsprozeß erfolgt iterativ mit Wechseln zwischen Erstellung
und Bewertung des Modellls. OFFIS kann sowohl Neuimplementierung als auch
einmalige Änderung unterstützen.

Modellbezogene Eigenschaften: Das Modell für Büroarbeit in OFFIS ist
datenorientiert. Der Schwerpunkt liegt auf Informationseinheiten und Informationsfluß. Die Modellelemente sind deskriptiv, Verteilung wird nicht explizit berücksichtigt. Der Detaillierungsgrad bezüglich des Informationssystems ist entsprechend der
Aufgabe gering.

Status: OFFIS wurde Anfang der achtziger Jahre an der University of Arizona entwickelt. Die Ergebnise des nun abgeschlossenen OFFIS-Projekts wurden in das
PLEXPLAN-Projekt übernommen (siehe unten).

PLEXPLAN (PLEXSYS-84)

PLEXPLAN ist ein rechnergestütztes Werkzeug zur Planung betrieblicher Informationssysteme. Es ist Teil einer intelligenten, integrierten Entwicklungsumgebung
PLEXSYS-84, die verschiedene Werkzeuge zur Informationssystementwicklung
zusammenstellt. PLEXPLAN ist am prozeduralen Rahmen zur Informationssystementwicklung nach MCLEAN und SODEN /102/ orientiert und unterstützt die Methoden Critical Success Factors (CSF) (vgl. ROCKART /128/), Stakeholder Analysis

and Assumption Surfacing (SAST), Front End Planning System und strukturiertes Brainstorming (vgl. MCINTYRE, NUNAMAKER und KONSYNSKI /101/, KONSYNSKI, KOTTENMANN, NUNAMAKER und STOTT /85/).

Gestaltungsaufgabe: PLEXPLAN unterstützt die Bürogestaltung und die Informationssystemgestaltung.

Funktionale Komponenten: Es wird hauptsächlich die Komponente "Lösung erstellen" unterstützt, "Analyse" und "Lösung bewerten" werden nur teilweise unterstützt.

Methodenbezogene Eigenschaften: Wie in PLEXSYS-84 wird die Integration bestehender Methoden und Werkzeuge versucht. Der Ansatz ist phasenorientiert mit den 4 Phasen: Informationssystemplanung (hauptsächlich von PLEXPLAN unterstützt), Information Processing Architecture Construction, Information System Component Design, MIS Implementation. Die Informationssystemplanung erfolgt in einem hierarchischen Modellierungsansatz. Die Vorgehensweise ist "top-down". Neuimplementierung und einmalige Änderung können unterstützt werden.

Modellbezogene Eigenschaften: In PLEXPLAN wird ein komplexes Unternehmensmodell eingesetzt, das in vier Ebenen strukturiert ist. Die oberste Ebene bildet ein Netzwerk aus Zielen. Diese Ziele werden von Aufgaben unterstützt, die die zweite Netzebene bilden. Die dritte Ebene bilden die Aktoren, die für die Aufgabenausführung verantwortlich sind. Die letzte Ebene besteht aus Informationsgruppen, die zur Aufgabenausführung nötig sind. Das PLEXPLAN-Modell ist somit ein hierarchisches, das sowohl aktoren- als auch datenorientierte Bestandteile enthält. Es wird in einem semantischen Netz repräsentiert und enthält deskriptive sowie normative Elemente. Der Detaillierungsgrad des Modells bezüglich des Informationssystems ist mittelhoch (Anschluß zum Information System Component Design, siehe oben).

Status: PLEXPLAN besteht als prototypische Implementierung des Planungswerkzeugs in PLEXSYS-84. PLEXSYS selbst wurde in den siebziger Jahren als PLEXSYS-79 an der University of Arizona entwickelt und in den achziger Jahren zu PLEXSYS-84 erweitert. Die Entwicklung von PLEXSYS ist noch nicht abgeschlossen.

Quinault

Quinault ist ein rechnergestütztes Werkzeug zur Modellierung und Gestaltung von Arbeitsabläufen im Büro, die mit einem verteilten Informationssystem unterstützt bzw. durchgeführt werden (vgl. NUTT /117/, NUTT und RICCI /118/).

Gestaltungsaufgabe: Quinault zielt auf die Bürogestaltung und die Gestaltung verteilter Informationssysteme. Mit Hilfe eines verteilten Simulators kann ein verteiltes Informationssystem realitätsnah modelliert werden.

Funktionale Entscheidungskomponenten: Die Lösungserstellung wird mit einem graphischen Modelleditor und einem dynamischen Simulator unterstützt. Die Lösungsbewertung ist teilweise unterstützt.

Methodenbezogene Eigenschaften: Die Gestaltung eines verteilten Informationssystems wird als iterativer Prozeß mit schrittweiser, hierarchischer Verfeinerung angesehen ("top-down"). Es wird ein "generate-and-test"-Paradigma eingesetzt. Mit Quinault kann eine kontinuierliche Weiterentwicklung vorgenommen werden.

Modellbezogene Eigenschaften: Quinault baut auf Information Control Nets auf (vgl. ELLIS /32/). Diese beschreiben Büroarbeit implementationsnah, sowohl prozeß- als auch datenorientiert. Es wird zwischen Informations- und Kontrollfluß unterschieden. Verteilung wird örtlich betrachtet. Der Detaillierungsgrad bezüglich des Informationssystems ist mittelhoch.

Status: Quinault wurde Anfang der achtziger Jahre im Xerox Palo Alto Research Center entwickelt, zunächst zentralisiert, dann in einer verteilten Version. Über eine Fortsetzung der Entwicklung liegen keine Informationen vor.

NETCON (System zur Konfiguration lokaler Netze)

NETCON ist ein Expertensystem zur Konfigurierung der Hard- und Software von Arbeitsstationen und der Netztopologie eines verteilten Informationssystems auf der Basis des Bürosystems Siemens EMS 5800 bzw. Xerox 8000 (vgl. LEHMANN et al. /92/).

Gestaltungsaufgabe: NETCON unterstützt sowohl die Gestaltung als auch die Konfigurierung eines verteilten Informationssystems.

Funktionale Entscheidungskomponente: Es werden komplette Lösungen erzeugt, d.h. Lösungen erstellt und dabei implizit bewertet und ausgewählt. Die Implementierung reicht dabei bis zum Installationsplan.

Methodenbezogene Eigenschaften: Es wird nach einer optimalen Lösung gesucht, die NETCON selbstständig erarbeitet und auswählt. Das System ist vollständig und detailliert bekannt, es wird von einer abgeschlossenen Wissenswelt ausgegangen. Das Problem wird in zwei Dimensionen zerlegt: Bestandteilart mit den Ausprägungen Hardware, Software und Netztopologie sowie Funktionskomponente mit den Ausprägungen Arbeitsstation, zentraler Dienst und Netzwerk. Nach dieser Struktur sind auch die Wissensbasis und der Inferenzmechanismus eingeteilt. Die Vorgehensweise ist "top-down" auf Neuimplementierung ausgerichtet.

Modellbezogene Eigenschaften: Es bestehen Modelle der Hardware-, Software- und Netzkomponenten in Form von Objekten, die untereinander in Beziehung (z.B. "A" erfordert "B") stehen. Das Gestaltungswissen ist hauptsächlich in Form von Produktionsregeln formuliert. NETCON ist in LOOPS objekt- bzw. aktorenorientiert implementiert. Verteilung wird örtlich und strukturell betrachtet. Das Modell beinhaltet deskriptive, wertende und normative (Lösung) Elemente. Die Detaillierung des Modells bezüglich des Informationssystems ist sehr hoch, da die Systemkomponenten vollständig und genau modelliert sind.

Status: NETCON wurde bei Siemens Mitte der achtziger Jahre entwickelt. Aufgrund seiner Expertensystem-Natur wird es ergänzt, wenn neues Konfigurationswissen verfügbar ist.

XSEL/XCON

XCON ist ein wissensbasiertes Programm zur Konfigurierung von Digital Equipment Rechnern der VAX-Familie. Es prüft eine Kundenbestelliste auf Fehler, ermittelt die räumliche Anordnung der Komponenten zueinander und plant die Verkabelung. XSEL ist eine Ergänzung zu XCON, die aus Kundenwünschen eine Bestelliste erstellen hilft (vgl. MCDERMOTT /99/, /100/),

Gestaltungsaufgabe: XCON führt die Konfigurierung durch. XSEL bietet nur eine rudimentäre Unterstützung bei der Gestaltung des Informationssystems.

Funktionale Entscheidungskomponenten: Lösungen werden erstellt, bewertet und ausgewählt.

Methodenbezogene Eigenschaften: XCON sucht nach einer richtigen Lösung in einem Zustandsraum. Diese Lösung wird in einem Durchgang gefunden; Modifikation oder Weiterentwicklung einer Lösung ist nicht beabsichtigt. Es wird angenommen, daß alle relevanten Daten vorliegen und daß das Konfigurationswissen vollständig und ausreichend ist. XCON wendet Aufgabenzerlegung an. Das Konfigurationsproblem wird in sechs aufeinanderfolgende Teilaufgaben zerlegt.

Modellbezogene Eigenschaften: Für alle Konfigurationsteile existiert eine detaillierte Beschreibung in einer Datenbank, die die gegenseitigen Abhängigkeiten beinhaltet. Das Gestaltungswissen ist in Form von Produktionsregeln ausgedrückt. Das Modell weist eine hohe Detaillierung bezüglich des Informationssystems auf und beinhaltet deskriptive, wertende und normative Elemente.

Status: XCON wurde Ende der siebziger Jahre an der Carnegie-Mellon University in USA entwickelt. Seit 1982 wird XSEL entwickelt. Das System ist bei der Digital Equipment Corporation im kommerziellen Einsatz.

SICONFEX

SICONFEX ist ein wissensbasiertes System zur interaktiven Konfigurierung des Siemens Betriebssystems SICOMP, das für Prozeßdatenverarbeitung eingesetzt wird (vgl. LEHMANN et al. /93/, HAUGENEDER et al. /48/).

Gestaltungsaufgabe: Es wird die Konfiguration unterstützt. Mit erfragten Hardware- und Softwarespezifikationen werden Parameterkarten des Betriebssystems erzeugt, der Hauptspeicher partitioniert und Softwarepakete bestimmten Speicherbereichen zugewiesen.

Funktionale Entscheidungskomponenten: SICONFEX erstellt Lösungen. Die Bewertung und Auswahl einer Lösung wird implizit bei der Ermittlung einer Konfigurationslösung vorgenommen.

Methodenbezogene Eigenschaften: SICONFEX nimmt eine optimale Lösung an. Diese wird in einem Stapellauf erzeugt. Modifikation und Variation einer bestehenden Lösung werden nicht betrachtet. Das nötige Gestaltungswissen liegt in der Wissensbasis vor. Die Konfigurierung ist in drei Aufgaben zerlegt: Hardwarespezifikation, Softwarespezifikation und Hauptspeicherpartitionierung mit Erstellung der Konfigurationskarten. Das Vorgehen ist "top-down" auf Neuimplementierung ausgerichtet.

Modellbezogene Eigenschaften: Es wird eine Mischung aus verschiedenen Repräsentationsformen verwendet: eine Begriffshierarchie für Hardware- und Softwarekomponenten mit Vererbung. Das Konfigurationswissen ist in Form von aktiven Werten, Produktionsregeln und Algorithmen ausgedrückt. Da eine Lösung ausgewählt wird, enthält das Modell deskriptive, wertende und normative Elemente. Die Betrachtung von Verteilung im engeren Sinn ist nicht relevant.

Status: Das System wurde im Expertensystem-Forschungslabor bei Siemens entwickelt und ist seit 1984 einsatzfähig.

TODOS

TODOS ist ein System aufeinander aufbauender Werkzeuge zur Gestaltung und prototypischen Implementierung betrieblicher Informationssyteme (vgl. KIEBACK und KERBER /76/).

Gestaltungsaufgabe: TODOS befaßt sich mit der Gestaltung und Anwendungsprogrammierung betrieblicher Informationssysteme.

Funktionale Entscheidungskomponenten: TODOS unterstützt die Lösungserstellung, Lösungsbewertung und die prototypische Implementierung. Die Analyse wird teilweise durch die Verwendbarkeit der Gestaltungsmodelle unterstützt.

Methodenbezogene Eigenschaften: Das Grundschema ist die modellbasierte Gestaltung und Programmierung eines Informationssystems in aufeinanderfolgenden Phasen. Innerhalb der Phasen wird eine "generate-and-test"-Vorgehensweise angewandt. Mit Hilfe eines Modells wird das Informationssystem gestaltet und ausgedrückt. Von diesem Modell wird dann mit Hilfe von "rapid prototyping"-Werkzeugen ein lauffähiges prototypisches Informationssystem erzeugt. Sowohl bei der Gestaltung als auch bei der Programmierung wird ein "top-down"-Ansatz verwendet, der auf hierarchischer Verfeinerung aufbaut. TODOS kann vorwiegend zur Neuimplementierung eingesetzt werden.

Modellbezogene Eigenschaften: Das zentrale Modell ist ein daten- und prozeßorientiertes Modell der betrieblichen Abläufe, wie sie im Informationssystem realisiert werden sollen. Es wird in einer formalen Sprache ausgedrückt. Hierzu existieren ein Modelleditor und mehrere Werkzeuge zur syntaktischen, semantischen und inhaltlichen Bewertung. Das Modell ist weitgehend deskriptiv und weist einen mittleren Detaillierungsgrad bezüglich des Informationssystems auf.

Status: TODOS ist ein ESPRIT-Forschungsprojekt, das seit 1986 von mehreren Partnern durchgeführt und Ende 1988 abgeschlossen wurde.

Taxis

In Taxis wird ein objektorientierter Ansatz zum Entwurf und zur Implementierung interaktiver Informationssysteme verfolgt. Das Taxis-System besteht aus Sprachen, Editoren, Compilern und einer Prototyping-Umgebung zur Erzeugung datenbankorientierter Anwendungssysteme. Hardwareaspekte werden nicht betrachtet (vgl. BARRON /9/, MYLOPOULOS et al. /108/).

Gestaltungsaufgabe: Mit Hilfe von SADT und der Anforderungsspezifikationssprache RML wird die Gestaltung des Informationssystems im Hinblick auf die Softwarefunktionen unterstützt. Der anschließende Schritt, die Anwendungsprogrammierung, wird mit der Datenbank-Programmiersprache Taxis und den dafür vorhandenen Werkzeugen unterstützt.

Funktionale Entscheidungskomponenten: Die Lösungserstellung wird durch die deskriptiven Hilfsmittel RML und Taxis unterstützt. Die Lösungsbewertung kann durch semantische und syntaktische Prüfungen von Taxisspezifikationen und mit einem Taxis-Interpreter durchgeführt werden. Die Implementierung der Entscheidung wird durch einen automatischen Programmgenerator vorgenommen.

Methodenbezogene Eigenschaften: Das Informationssystem wird als Modell der betrieblichen Wirklichkeit betrachtet. Die Gestaltung wird dadurch zur Modellierung. Sie wird in mehrere Ebenen eingeteilt, die die Informationssystemgestaltung, die Anwendungsprogrammierung und die Erzeugung des lauffähigen Programms widerspiegeln. Die Vorgehensweise ist auf schrittweiser Verfeinerung entlang der Spezialisationsabstraktion aufgebaut.

Modellbezogene Eigenschaften: Für jede Gestaltungsebene besteht ein Modell, das in SADT, RML, Taxis bzw. Maschinencode ausgedrückt ist. RML und Taxis sind objektorientiert und verwenden Klassen und Metaklassen mit Vererbungshierarchie.

Status: Taxis wurde 1980 an der University of Toronto als Forschungsprojekt begonnen. Das Taxis-System wird ständig weiterentwickelt.

Beschreibung des verteilten Informationssystems im Versuchsfeld

B.1 Rechnerausstattung und Netzwerkstruktur

Das Versuchsfeld ist mit drei Graphikarbeitsstationen ausgestattet, die mit dem Betriebssystem Unix betrieben werden und über ein lokales Netzwerk miteinander vernetzt sind. Das lokale Netzwerk ist ein Ethernet, das mit Internet-Protokoll betrieben wird. Die Rechner des Versuchsfelds werden als eine Managementdomäne betrachtet (vgl. Abschnitt 6).

Bild B-1 zeigt das verteilte Informationssystem. Bei den Rechnern handelt es sich um eine SUN 3/60 (Name: Rhetorix) mit 16 MB Hauptspeicher, einer Fließkommaeinheit (Floating Point Unit) und einer Festplatte mit 300 MB Kapazität, eine SUN 3/50 (Name: Theorix) mit 4 MB Hauptspeicher und zwei Festplatten mit jeweils 70 MB Kapazität sowie einer SUN 3/50 (Name: Practix) mit 4 MB Hauptspeicher einer Festplatte mit 70 MB Kapazität und einer Magnetbandeinheit. Alle drei Arbeitsstationen sind mit einem 19"-Monochrom-Graphikbildschirm sowie einer Maus und einer Tastatur ausgestattet. Die Rechner sind binärprogrammkompatibel (vgl. Abschnitt 7.3.1), d.h. es existiert nur eine Rechnerklasse in der Domäne.

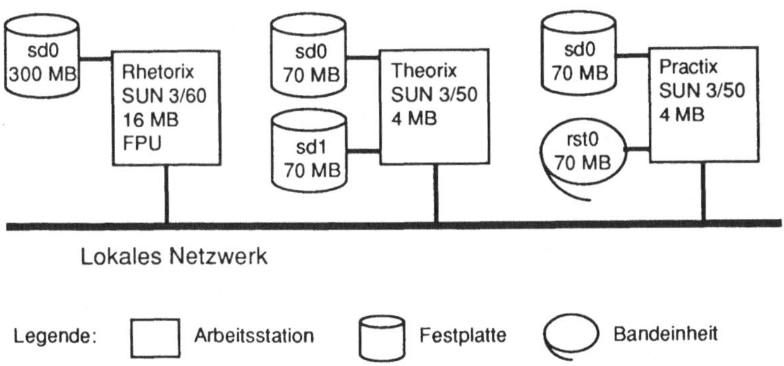

Bild B-1: Übersicht über die Rechnerausstattung des Versuchsfelds

B.2 Netzwerk-Dateisystem

Die Arbeitsstationen sind mit dem Netzwerk-Dateisystem Network File System (NFS) der Firma SUN ausgestattet (vgl. SUN /152/). Dateien, die auf einem Rechner gespeichert sind, sind somit auch auf den anderen verfügbar.

Für die Konfigurierung der Dateisysteme der einzelnen Rechner wird eine Unterscheidung in System- und Benutzerdateien vorgenommen. Bild B-2 enthält eine Tabelle, die die Einteilung der Plattenpartitionen und Zuordnung zu Verzeichnissen in den Dateisystembäumen angibt.

Rechner- name	Platte	Partition /dev/	Größe in MB	Dateisystem- verzeichnis	exportiert
Practix	sd0	sd0a	8	/	nein
		sd0b	16	Swap Bereich	nein
		sd0d	8	/tmp	nein
		sd0g	8	/usr.practix	ja
		sd0h	30	/u/practix	ja
Theorix	sd0	sd0a	8	/	nein
		sd0b	16	Swap Bereich	nein
		sd0g	46	/usr.theorix	ja
	sd1	sd1b	16	Swap Bereich	nein
		sd1d	8	/tmp	nein
		sd1h	46	/u/theorix	ja
Rhetorix	sd0	sd0a	8	/	nein
		sd0b	60	Swap Bereich	nein
		sd0d	8	/tmp	nein
		sd0g	180	/usr.rhetorix	ja
		sd0h	44	/u/rhetorix	ja

Bild B-2: Tabellarische Darstellung der Konfiguration der Plattenpartitionen im verteilten Informationssystem

Systemdateien sind in den Partitionen a (/: root Verzeichnis), d (/tmp: temporäre Dateien) und g (/usr: Anwendungsprogramme und Systemdienste) abgelegt. Benutzerdateien befinden sich in den h-Partitionen (/u: Benutzerverzeichnisse).

Jeder Rechner verfügt über eine eigene a-Partition, in der die Betriebssystemdateien abgelegt sind, die zum Minimalbetrieb des Rechners erforderlich sind. Ebenso verfügt jeder Rechner über eigene b-Partitionen, in denen das Betriebssystem den virtuellen Speicher ablegen kann (Swap Bereich). In den d-Partitionen können auf jedem Rechner lokal temporäre Dateien angelegt werden. Die a-, b- und d-Partitionen werden nur von dem jeweiligen Rechner benützt und den anderen nicht zugänglich gemacht (exportiert).

Bei Unix sind Systemdienste und große Anwendungsprogramme unter dem Verzeichnis "/usr" abgelegt. Mit Hilfe dieser Dateien (Daten, Tabellen und Programme) wird aus dem Minimal-Betriebssystem das volle Informationssystem. Nicht jeder der Rechner verfügt selbst über diese Dateien, kann aber über das Netzwerk-Dateisystem von entfernten Rechnern darauf zugreifen. Jeder Rechner hat ein eigenes Verzeichnis "/usr.Rechnername" (z.B. /usr.theorix), das auf die g-Partition gelegt ist und in dem die lokal vorliegenden Systemdienste und Anwendungsprogramme verzeichnet sind. Jeder Rechner exportiert dieses Verzeichnis an die anderen. Im "root"-Verzeichnis besitzt jeder Rechner ein Verzeichnis "/usr", das nur aus symbolischen Bezügen besteht und Dateinamen zum realen Speicher in "/usr.Rechnername" umleitet.

Die Benutzerdateien liegen in Verzeichnissen "/u/Rechnername" (z.B. /u/theorix) auf den jeweiligen Rechnern. Da diese Verzeichnisse an alle anderen Rechner im System exportiert sind, kann von jedem Rechner aus auf die Benutzerdateien zugegriffen werden. Jeder Benutzer im verteilten Informationssystem hat nur ein "home"-Verzeichnis auf einem der Rechner der Rechnerklasse.

B.3 Benutzermenge

Die Managementdomäne im Versuchsfeld beinhaltet eine abgeschlossene Menge von Benutzern des verteilten Informationssystems, die auf den drei Rechnern einen Benutzereintrag haben. Benutzereinträge in einem Unix-Rechner weisen einer Benutzernummer einen oder mehrere Benutzernamen und genau ein "home"-Verzeichnis mit den Dateien des Benutzers zu. Damit ein Benutzer auf verschiedenen Rechnern als derselbe erkannt wird, müssen die Benutzernummern den Benutzern auf allen Rechnern der Domäne einheitlich zugeordnet sein.

Im Versuchsfeld existieren sieben ständige Benutzer, die hier mit BA, EN, GO, NE, RE, SC, und SI bezeichnet werden. Hiervon sind GO, NE, RE und SI Vollzeitkräfte, die anderen Teilzeitkräfte, die nicht an jedem Arbeitstag anwesend sind. Bild B-3 zeigt einen Ausschnitt aus einer Tabelle "passwd", in der die Zuordnungen von Benutzernamen (1. Spalte), verschlüsseltem Paßwort (2. Spalte), Benutzernummer (3. Spalte), Gruppennummer (4. Spalte), ausgeschriebenem Namen (5. Spalte), Verweis auf das "home"-Verzeichnis (6. Spalte) und Startprogramm (7. Spalte) gemacht sind. Vor den oben genannten Benutzern stehen andere Einträge, die zur Rechnerverwaltung erforderlich sind.

```
root:2lWUnaUcPojpQ:0:1:Charlie &:/:/bin/csh
sysdiag::0:1:System Diagnostic:/usr/diag/sysdiag:/usr/diag/sysdiag/sysdiag
daemon:*:1:1::/:
sync::1:1::/:/bin/sync
nobody:*:-2:-2:Unprivileged user:/:/bin/csh
sys:*:2:2::/:/bin/csh
bin:*:3:3::/bin:/bin/csh
uucp:*:4:4::/usr/spool/uucppublic:/bin/csh
news:*:6:6::/usr/spool/news:/bin/csh
oracle::8:8:Oracle:/u/theorix/oracle:/bin/sh
mgr:N9mlTaeVFgEMg:9:1:SOF/SCF &:/:/bin/csh
NE:tjX/Zfxr0mwDo:303:53:Benutzer NE:/u/practix/453/NE:/bin/csh
RE:fBrW1Tm6twmRg:307:53:Benutzer RE:/u/rhetorix/453/RE:/usr/local/tcsh
GO:d6CKEtKe1vPoY:314:53:Benutzer GO:/u/rhetorix/453/GO:/bin/csh
BA:04.JXZg6jmlPE:322:53:Benutzer BA:/u/rhetorix/453/BA:/bin/csh
EN:0ohD0T6ya9x9w:330:53:Benutzer EN:/u/practix/453/EN:/usr/local/tcsh
SI:DQk8wdc3nXUj.:340:53:Benutzer SI:/u/rhetorix/453/SI:/usr/local/tcsh
SC:QVx0gDPp4vE8s:350:53:Benutzer SC:/u/theorix/453/SC:/bin/csh
umu:/kmnzcwg02Kbc:352:53:Test Account:/u/practix/453/umu:/bin/csh
```

Bild B-3:   Ausschnitt aus der Tabelle "passwd" des Versuchsfelds. Die Benutzernamen sind anonymisiert.

Aus Bild B-3 ist der Ort des "home"-Verzeichnisses für jeden Benutzer, wie er bei Installation des Systems festgelegt wurde, ersichtlich; z.B. liegen die Daten des Benutzers NE auf dem Rechner Practix (vgl. Spalte 6 in Bild B-3).

B.4 Konfigurationsdateien

Zur Konfigurierung des Kommunikationssystems und des Netzwerk-Dateisystems sind auf den Rechnern eine Reihe von Tabellen in Konfigurationsdateien abgelegt.

Die Dateien "/etc/hosts", "/etc/hosts.equiv", "/etc/networks", "/etc/services", "/etc/ethers", "/etc/protocols", "/etc/netgroup", "/etc/rpc" und "/etc/aliases" werden für die Konfigurierung des Kommunikationssystems verwendet und sind auf allen Rechnern identisch. Sie sind daher nicht repliziert abgelegt, sondern über einen netzwerkweiten Dienst Yellow Pages global und konsistent in der Domäne verfügbar.

Zur Konfigurierung des Netzwerk-Dateisystems sind auf jedem Rechner zwei Dateien erforderlich: "/etc/fstab" legt fest, welche (lokalen oder entfernten) Plattenpartitionen auf welchen Verzeichnisse abgelegt werden. "/etc/exports" legt fest, welche lokalen Verzeichnisse anderen Rechnern zugänglich gemacht werden. Jeder der Rechner muß in seiner Datei "/etc/exports" die Verzeichnisse "/u/Rechnername" und "/usr.Rechnername" an die anderen Rechner exportieren. Darüberhinaus müssen die entsprechenden Verzeichnisse der anderen Rechner auf jedem Rechner lokal in "/etc/fstab" auf ein Verzeichnis gelegt sein, um sie ansprechen zu können.

Die Zuordnung von "home"-Verzeichnissen zu Benutzernummern erfolgt in der Datei "/etc/passwd", in der auch der Benutzername und das Paßwort des Benutzers abgelegt werden. Eine Datei "/etc/passwd" liegt auf allen Rechnern der Domäne vor. Zusätzlich existiert eine Tabelle "passwd" im verteilten Dienst Yellow Pages, die domänenweit verfügbar ist. Wenn ein Benutzer sich auf einem Rechner anmelden will, wird zunächst die lokal vorliegende Tabelle "/etc/passwd" herangezogen. Wenn diese keinen Eintrag für den Benutzer aufweist, wird auf die Tabelle "passwd" in Yellow Pages zurückgegriffen. Da im Versuchsfeld die Benutzereinträge auf allen Rechnern gleich sein sollen, werden die Benutzer nicht lokal eingetragen.

Anhang C:

Maximum-Likelihood-Schätzung der Modellparameter

Der rekursive Maximum-Likelihood-Algorithmus zur Ermittlung der Parameter des Zeitreihenmodells mit der Ordnung m nach Gleichung (9) ist

$$\underline{\hat{\theta}}_{k+1} = \underline{\hat{\theta}}_k + \underline{\gamma}_k \, e_{k+1} \tag{C-1}$$

mit dem Korrektionsvektor

$$\underline{\gamma}_k = \mu_{k+1} \, P_k \, \underline{\phi}_{k+1}, \tag{C-2}$$

dem Modellfehler

$$e_{k+1} = y_{k+1} - \underline{\psi}^T_{k+1} \, \underline{\hat{\theta}}_k, \tag{C-3}$$

dem Vektor der geschätzten Parameter

$$\underline{\hat{\theta}}^T = [\, \hat{a}_1 \, ... \, \hat{a}_m \,|\, \hat{b}_1 \, ... \, \hat{b}_m \,|\, \hat{d}_1 \, ... \, \hat{d}_m \,], \tag{C-4}$$

dem Datenvektor

$$\underline{\psi}^T_{k+1} = [\, -y_k \, ... \, -y_{k-m+1} \,|\, u_k \, ... \, u_{k-m+1} \,|\, e_k \, ... \, e_{k-m+1} \,], \tag{C-5}$$

dem Skalar im Korrektionsvektor

$$\mu_{k+1} = \frac{1}{\lambda + \underline{\phi}^T_{k+1} \, P_k \, \underline{\phi}_{k+1}} \tag{C-6}$$

der Kovarianzmatrix

$$P_{k+1} = [\, I - \underline{\gamma}_k \, \underline{\phi}^T_{k+1} \,] \, P_k \, \frac{1}{\lambda} \tag{C-7}$$

und den gefilterten Signalen

$$\underline{\phi}^T_{k+1} = [\, -y'_k \, ... \, -y'_{k-m+1} \,|\, u'_1 \, ... \, u'_{k-m+1} \,|\, e'_k \, ... \, e'_{k-m+1} \,] \tag{C-8}$$

(vgl. ISERMANN /65/). λ ist ein exponentieller Vergeßfaktor. Er wird auf 0.90 bis 0.99 gesetzt. Die Varianz der geschätzten Parameter ist proportional zur Hauptdiagonalen der Kovarianzmatrix P:

$$E\,(P_{k+1}) = \frac{1}{\sigma_e^2} \, \text{cov}\,(\Delta \, \underline{\theta}_k) \tag{C-9}$$

wobei σ_e^2 die Varianz des Modellfehlers e ist.

Meßergebnisse im Versuchsfeld

Im folgenden sind die während der Versuchsdauer von einem Monat (im Juni 1988) im Versuchsfeld (vgl. Anhang B) gemessenen Daten graphisch dargestellt. Der Versuchsablauf ist in Abschnitt 7.7 beschrieben.

D.1 Prozessorlast

Die Prozessorlast eines Rechners wurde mit Hilfe des Betriebssystembefehls "uptime" als mittlere Anzahl von Jobs in der Prozessorwarteschlange von den Prozessorlastsensoren (vgl. Abschnitt 7.4.2) ermittelt. Die Prozessorlast wurde stündlich als über die letzte Stunde gemittelter Wert aufgezeichnet. Die Fläche unter dem Verlauf der Prozessorlast gibt also das zeitliche Integral der Prozessorlast an.

Die Bilder D-1, D-3 und D-5 zeigen für die drei Rechner im Versuchsfeld (Practix, Theorix und Rhetorix) den zeitlichen Verlauf der Prozessorlast p_{jk} für einen Ausschnitt von 10 Tagen während des Versuchszeitraums. Die Abszisse gibt den absoluten Zeitpunkt k seit Versuchsbeginn in Stunden an.

Die Bilder D-2, D-4 und D-6 zeigen dieselben Daten für die drei Rechner Practix, Theorix bzw. Rhetorix in anderer Darstellung. Als Abszisse wird die Uhrzeit verwendet. Die eingetragenen Punkte sind die Meßwerte p_{jk} der einzelnen Tage des Versuchszeitraums für die betreffende Uhrzeit. Die durchgezogenen Linien sind die arithmetischen Mittel über die Tage des Versuchszeitraums.

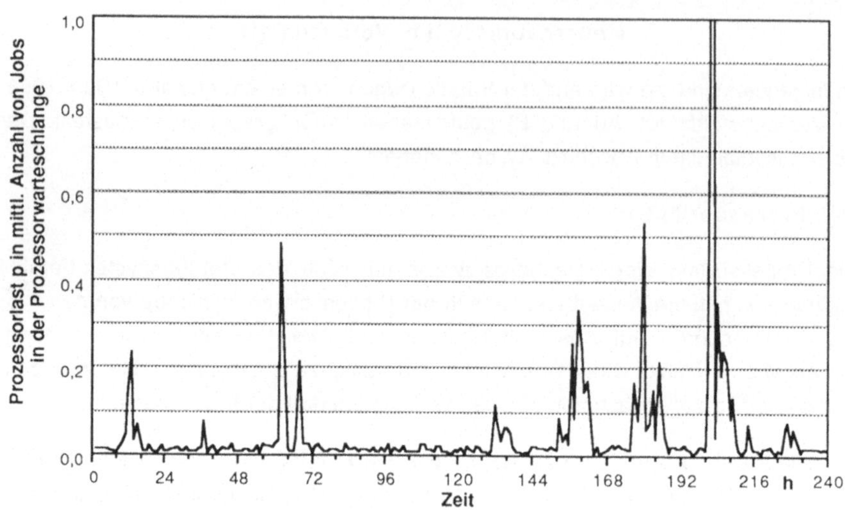

Bild D-1: Zeitlicher Verlauf der Prozessorlast auf dem Rechner Practix

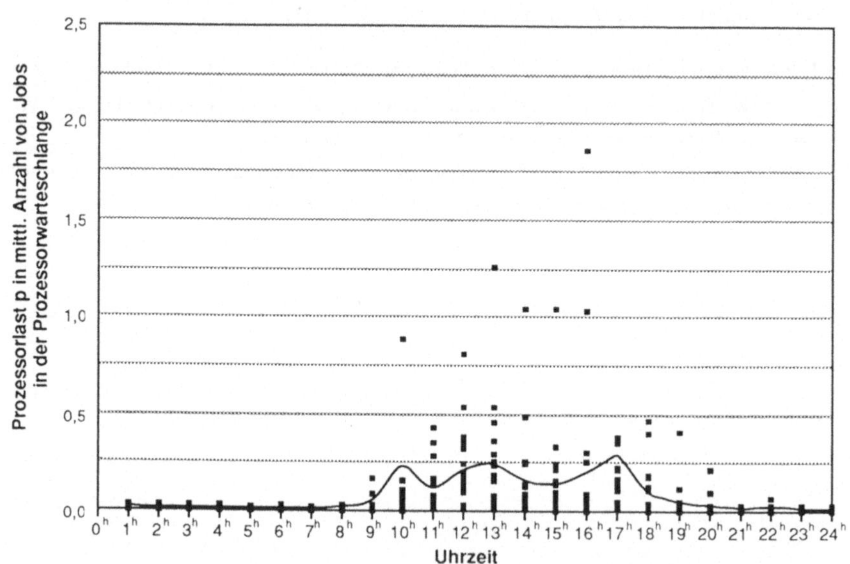

Bild D-2: Mittlere tägliche Prozessorlastverteilung auf dem Rechner Practix

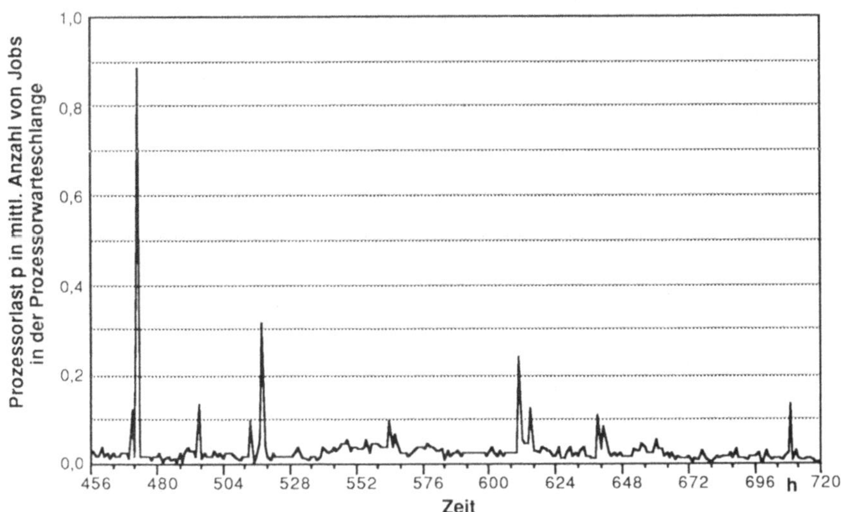

Bild D-3: Zeitlicher Verlauf der Prozessorlast auf dem Rechner Theorix

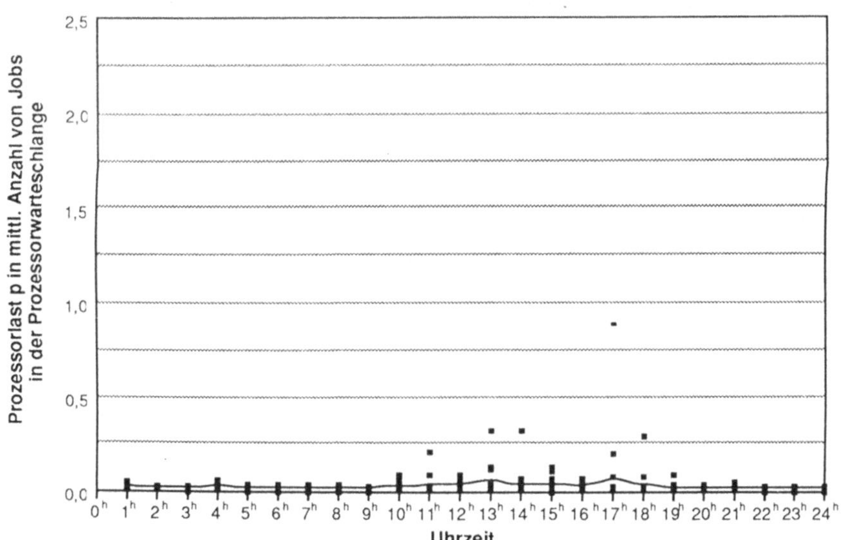

Bild D-4: Mittlere tägliche Prozessorlastverteilung auf dem Rechner Theorix

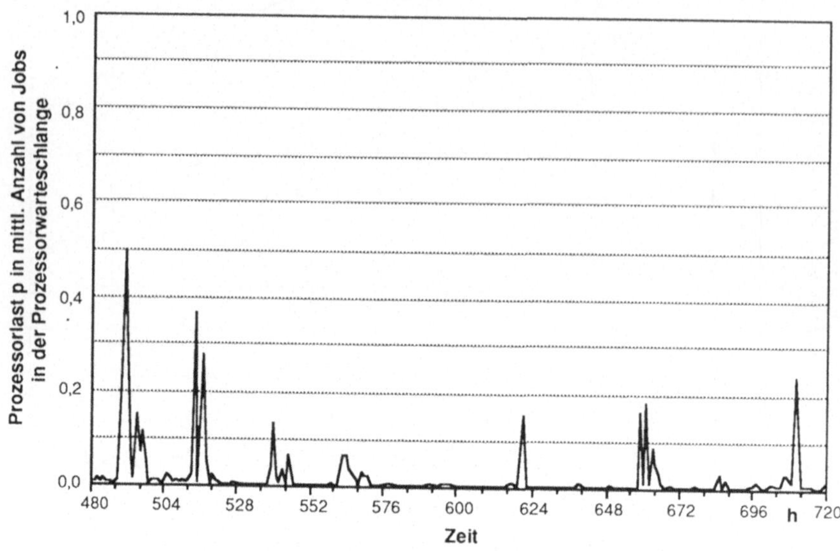

Bild D-5: Zeitlicher Verlauf der Prozessorlast auf dem Rechner Rhetorix

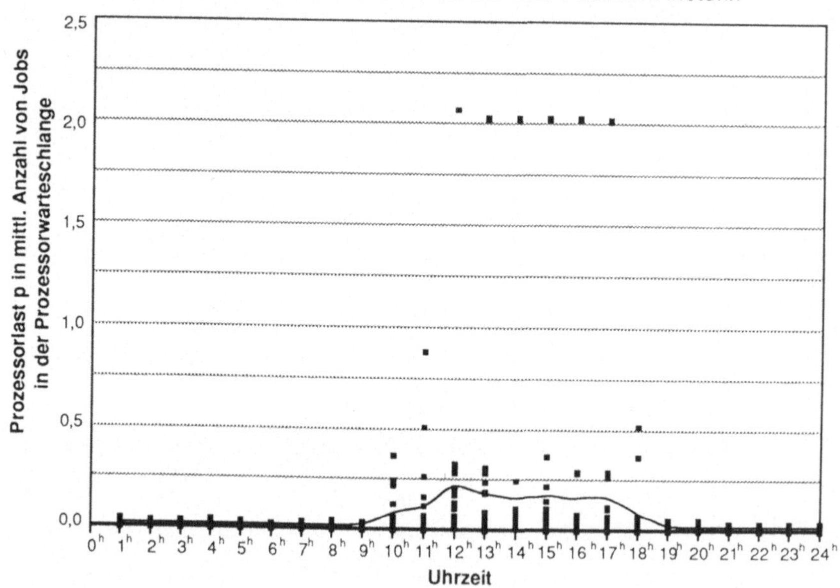

Bild D-6: Mittlere tägliche Prozessorlastverteilung auf dem Rechner Rhetorix

D.2 Aufrufe des Netzwerk-Dateisystems

Die Aufrufe des Dateisystems wurden auf jedem Rechner mit Hilfe des Betriebssystembefehls "nfsstat" durch die NFS-Sensoren gemessen (vgl. Abschnitt 7.4.2). Zwei Arten des Aufrufs werden unterschieden: Aufrufe, bei denen der lokale Rechner Daten eines anderen Rechners anfordert (der lokale Rechner handelt als "Client"), sowie Aufrufe, bei denen der lokale Rechner Anforderungen anderer Rechner befriedigt (der lokale Rechner handelt als "Server").

Gemessen wurde in stündlichen Intervallen die Summe der Aufrufe an das Dateisystem während der letzten Stunde, sowohl für "Client"- als auch "Server"-Aufrufe. Die Summe aller Meßwerte ergibt die Summe der Aufrufe während des Versuchszeitraums.

Die Bilder D-7 und D-8 zeigen den zeitlichen Verlauf der stündlichen Anzahl der Aufrufe an das Netzwerk-Dateisystem n_{cjk} und n_{sjk} für den Rechner Practix als "Client" bzw. "Server" für einen Ausschnitt von 10 Tagen während des Versuchszeitraums. Die Abszisse gibt den absoluten Zeitpunkt k seit Versuchsbeginn in Stunden an. Die Einheit der Ordinate ist Aufrufe pro Stunde.

Die Bilder D-9 und D-10 zeigen dieselben Daten wie in den Bildern D-7 bzw. D-8 in anderer Darstellung. Die Abszisse gibt die Uhrzeit an. Die eingetragenen Punkte sind die Meßwerte der einzelnen Tage des Versuchszeitraums für die betreffende Uhrzeit. Die durchgezogenen Linien sind die arithmetischen Mittel über die Tage des Versuchszeitraums.

Die Bilder D-11 und D-12 zeigen den zeitlichen Verlauf der stündlichen Anzahl der Aufrufe an das Dateisystem n_{cjk} und n_{sjk} für den Rechner Theorix als "Client" bzw. "Server" für einen Ausschnitt von 10 Tagen während des Versuchszeitraums. Die Abszisse gibt den absoluten Zeitpunkt k seit Versuchsbeginn in Stunden an. Die Einheit der Ordinate ist Aufrufe pro Stunde.

Die Bilder D-13 und D-14 zeigen dieselben Daten wie in den Bildern D-11 bzw. D-12 in anderer Darstellung. Die Abszisse gibt die Uhrzeit an. Die eingetragenen Punkte sind die Meßwerte der einzelnen Tage des Versuchszeitraums für die betreffende Uhrzeit. Die durchgezogenen Linien sind die arithmetischen Mittel über die Tage des Versuchszeitraums.

Die Bilder D-15 und D-16 zeigen den zeitlichen Verlauf der stündlichen Anzahl der Aufrufe des Dateisystems n_{cjk} und n_{sjk} für den Rechner Rhetorix als "Client" bzw. "Server" für einen Ausschnitt von 10 Tagen während des Versuchszeitraums. Die

Abszisse gibt den absoluten Zeitpunkt k seit Versuchsbeginn in Stunden an. Die Einheit der Ordinate ist Aufrufe pro Stunde.

Die Bilder D-17 und D-18 zeigen dieselben Daten wie in den Bildern D-15 bzw. D-16 in anderer Darstellung. Die Abszisse gibt die Uhrzeit an. Die eingetragenen Punkte sind die Meßwerte der einzelnen Tage des Versuchszeitraums für die betreffende Uhrzeit. Die durchgezogenen Linien sind die arithmetischen Mittel über die Tage des Versuchszeitraums.

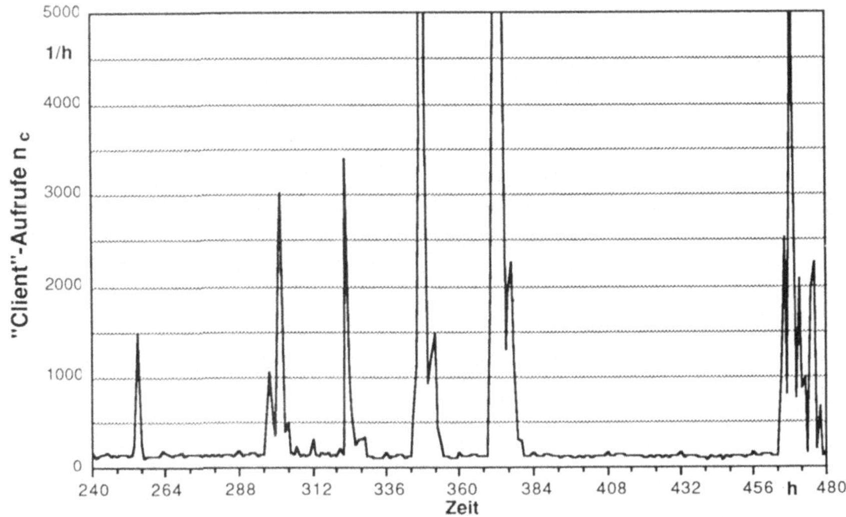

Bild D-7: Zeitlicher Verlauf der Aufrufanzahl des Netzwerk-Dateisystems für den Rechner Practix als "Client"

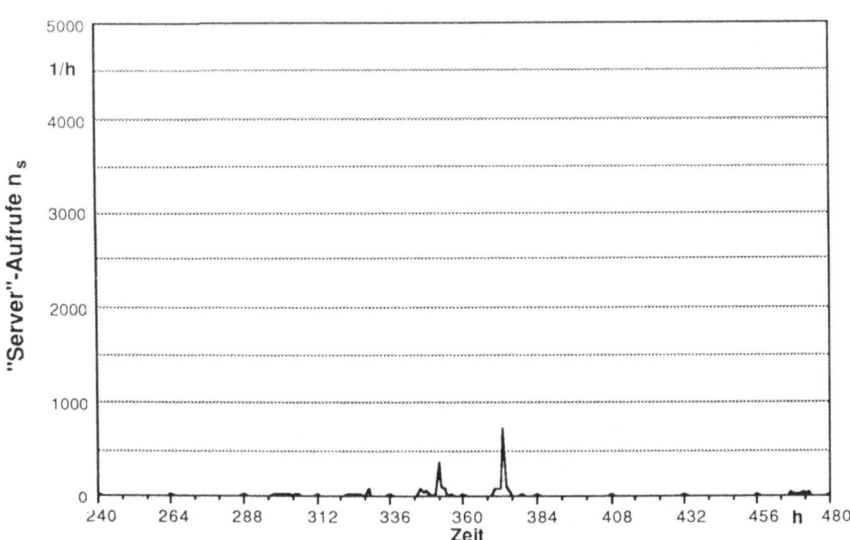

Bild D-8: Zeitlicher Verlauf der Aufrufanzahl des Netzwerk-Dateisystems für den Rechner Practix als "Server"

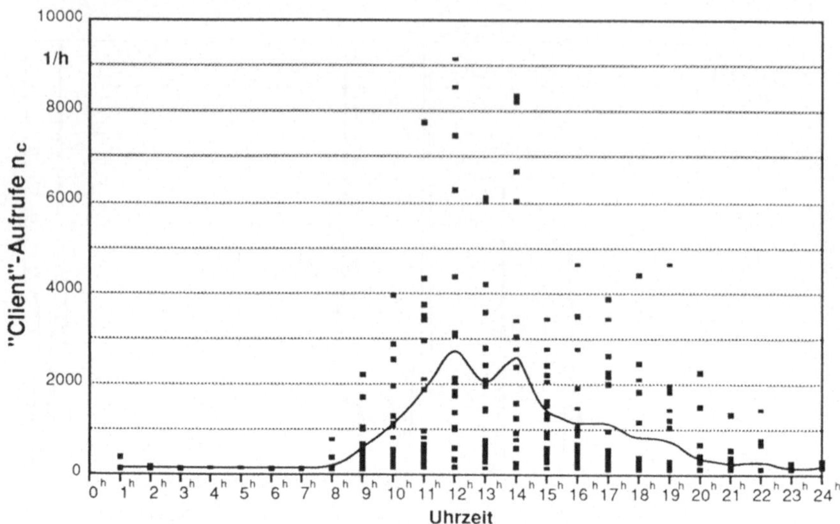

Bild D-9: Verteilung der Aufrufe des Netzwerk-Dateisystems über den Tag, gemittelt über die gesamte Versuchsdauer für den Rechner Practix als "Client"

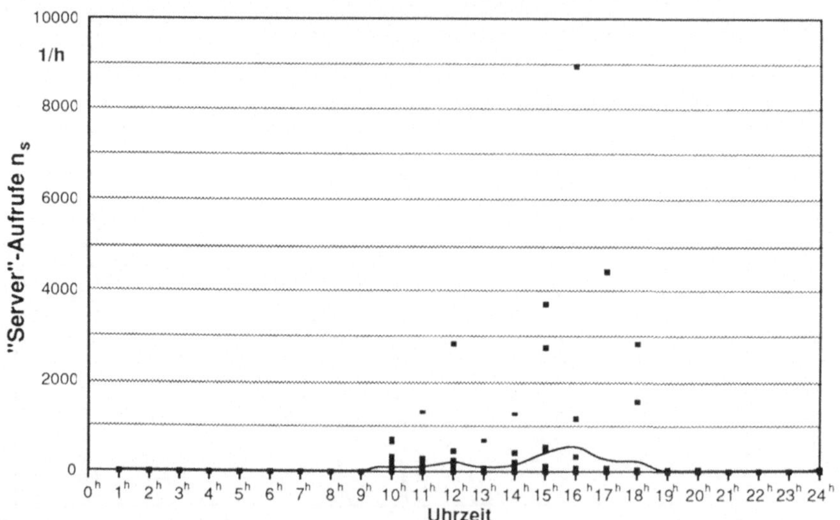

Bild D-10: Mittlere tägliche Verteilung der Aufrufe des Netzwerk-Dateisystems für den Rechner Practix als "Server"

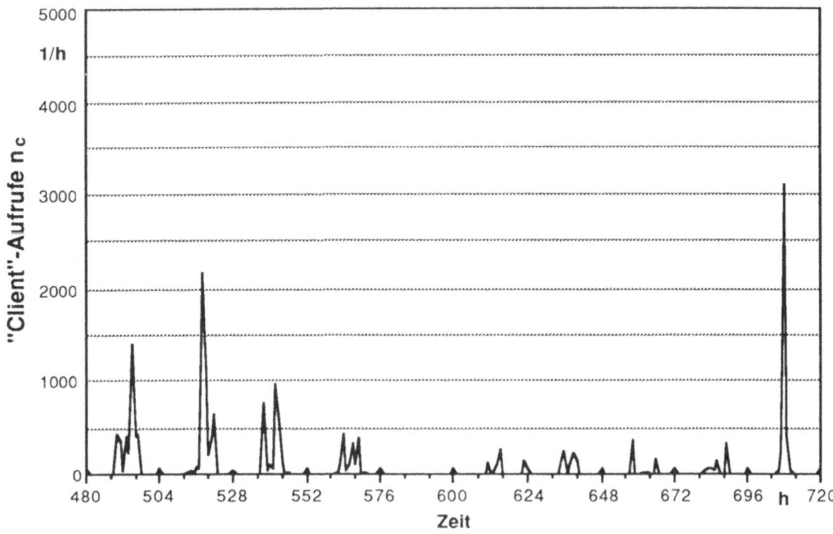

Bild D-11: Zeitlicher Verlauf der Aufrufanzahl an das Netzwerk-Dateisystem für den Rechner Theorix als "Client"

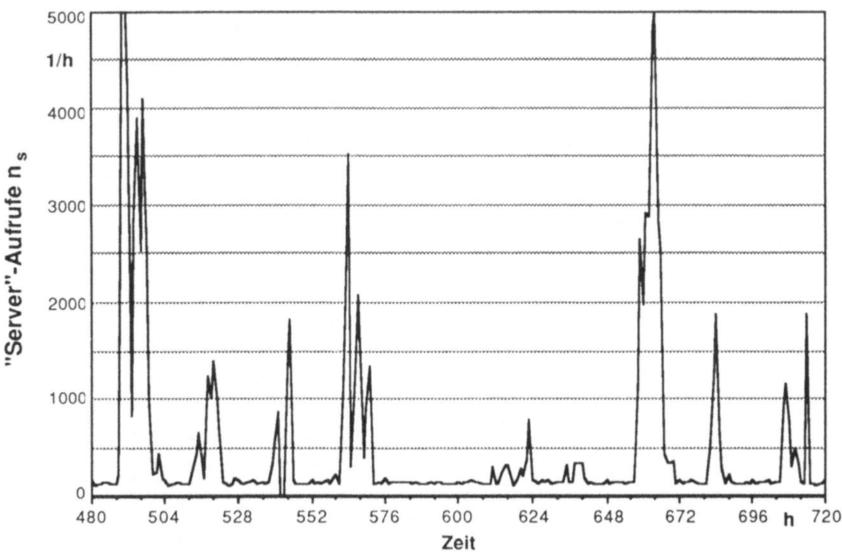

Bild D-12: Zeitlicher Verlauf der Aufrufanzahl des Netzwerk-Dateisystems für den Rechner Theorix als "Server"

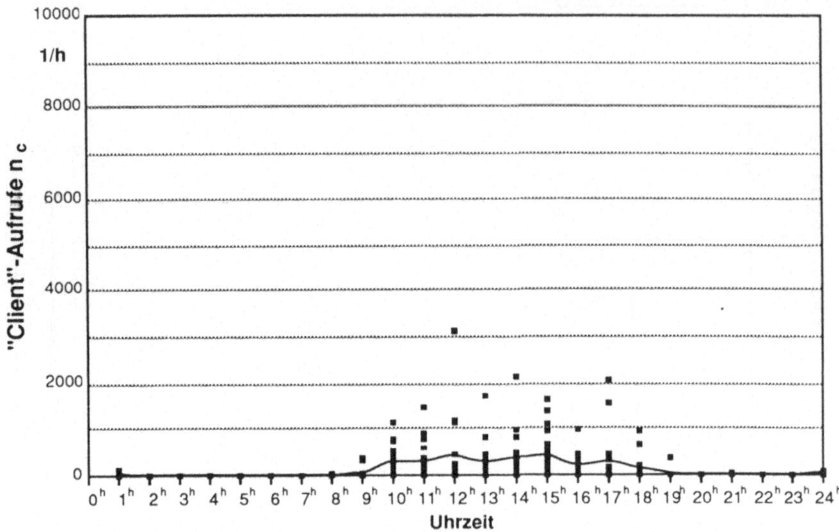

Bild D-13: Mittlere tägliche Verteilung der Aufrufe des Netzwerk-Dateisystems für
den Rechner Theorix als "Client"

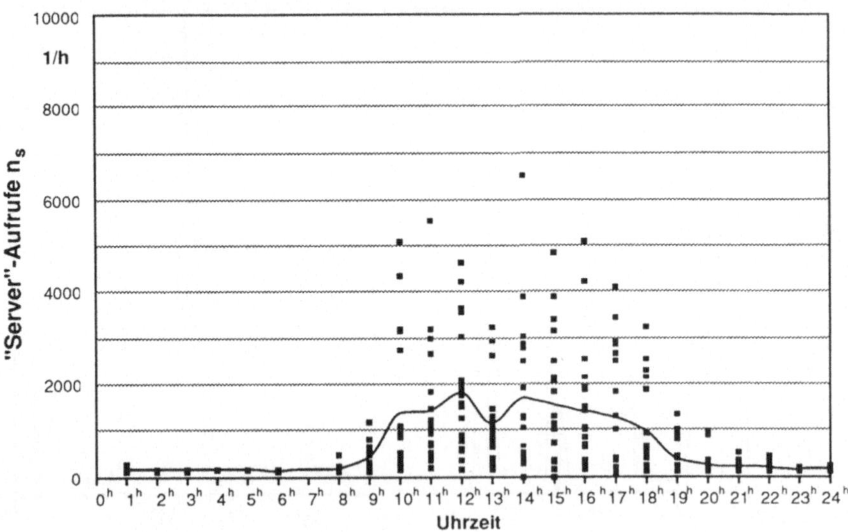

Bild D-14: Mittlere tägliche Verteilung der Aufrufe des Netzwerk-Dateisystems für
den Rechner Theorix als "Server"

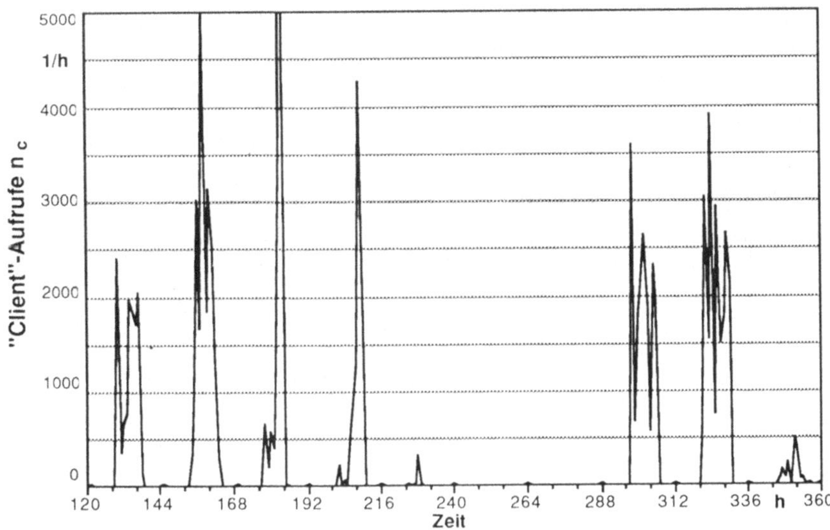

Bild D-15: Zeitlicher Verlauf der Aufrufanzahl des Netzwerk-Dateisystems für den Rechner Rhetorix als "Client"

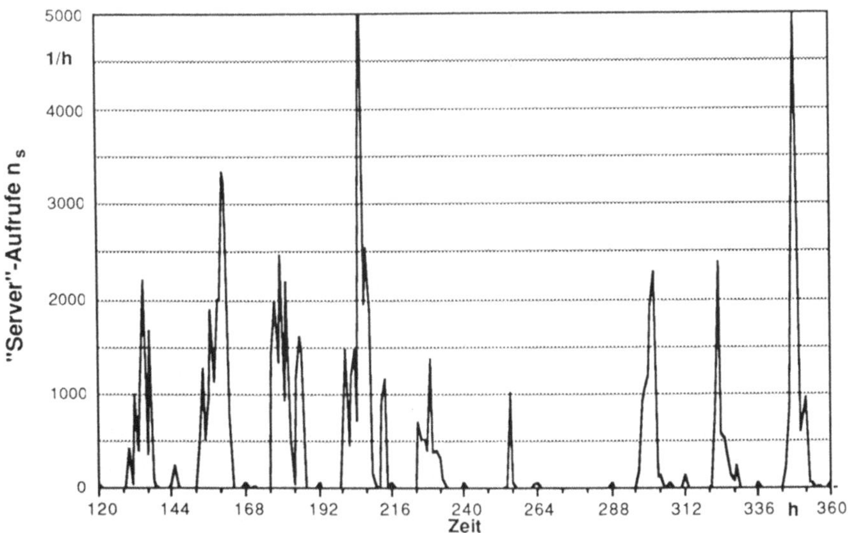

Bild D-16: Zeitlicher Verlauf der Aufrufanzahl des Netzwerk-Dateisystems für den Rechner Rhetorix als "Server"

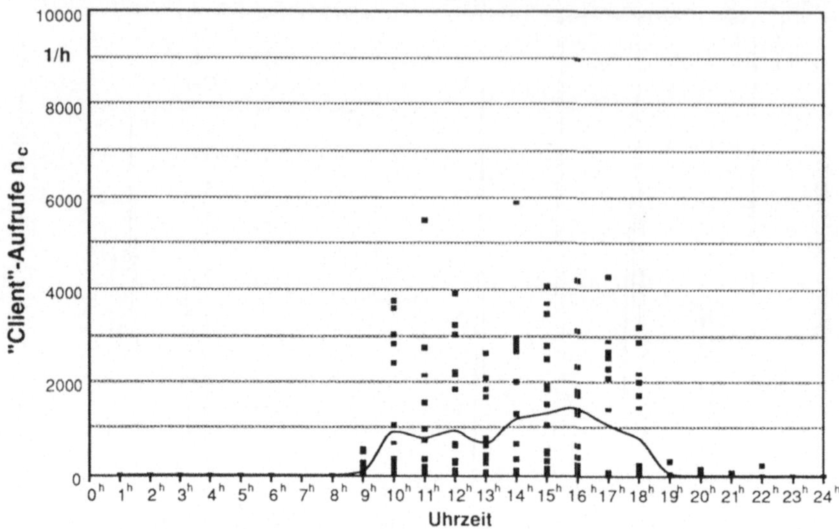

Bild D-17: Mittlere tägliche Verteilung der Aufrufe des Netzwerk-Dateisystems für den Rechner Rhetorix als "Client"

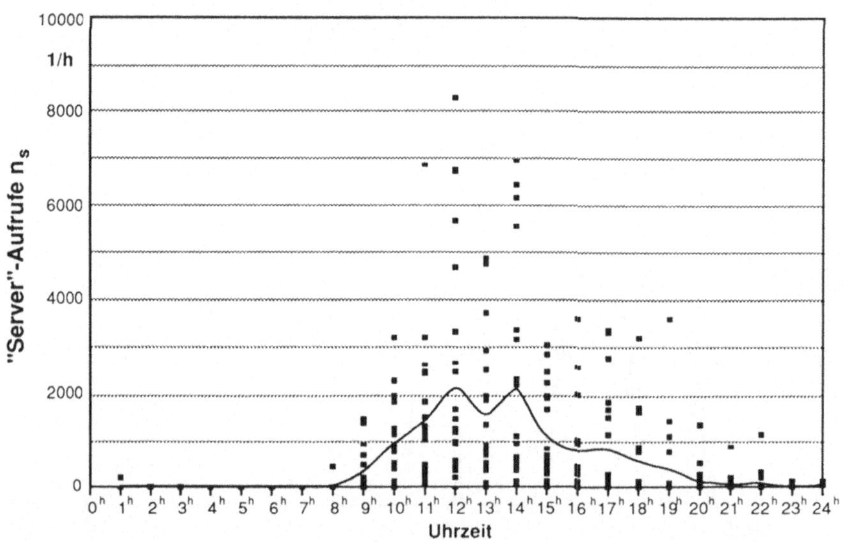

Bild D-18: Mittlere tägliche Verteilung der Aufrufe des Netzwerk-Dateisystems für den Rechner Rhetorix als "Server"

D.3 Benutzeraktivität

Die Benutzeraktivität wurde für die Menge der Benutzer auf allen drei Rechnern des Versuchsfelds über den gesamten Versuchszeitraum gemessen (vgl. Abschnitt 7.7 und Anhang B). Das Maß für die Benutzeraktivität ist die vom Benutzer verbrauchte Prozessorzeit in Sekunden (CPU-Sekunden). Die Benutzeraktivität wurde mit Hilfe der Benutzeraktivitätssensoren zu Beginn jeden Tags für den Vortag bestimmt (vgl. Abschnitt 7.4.2). Die Summe aller Meßwerte über den Versuchszeitraum ergibt die gesamte Benutzeraktivität des Benutzers auf einem Rechner.

Die Bilder D-19 bis D-25 zeigen den zeitlichen Verlauf der täglichen Benutzeraktivität I_{ijk} für die Benutzer i = BA, EN, GO, NE, RE, SC und SI auf den drei Rechnern j des Vesuchsfelds in CPU-Sekunden pro Tag. Abweichend vom Zeitpunkt des Messens sind die Meßwerte hier für den Tag angegeben, für den sie gelten. Dies erleichtert die Zuordnung zu den Arbeitstagen bzw. arbeitsfreien Tagen.

Die generell arbeitsfreien Tage während des Versuchszeitraums (Samstage, Sonn- und Feiertage) sind in den Bildern durch graue Schattierungen kenntlich gemacht. Darüberhinaus sind bei den Benutzern folgende individuellen arbeitsfreien Tage bzw. Abweichungen von den generellen arbeitsfreien Tagen zu beachten:

    für BA: 3, 9, 23, 27 (Teilzeitkraft).
    für EN: 3, 6, 10, 13, 14, 21, 24, 27 (Teilzeitkraft).
    für GO: 24, hat am 2. gearbeitet.
    für NE: hat am 2. gearbeitet.
    für RE: 14 (Dienstreise), 29 (Urlaub).
    für SC: 8, 9, 15, 22, 23, 27, 29, 30 (Teilzeitkraft).
    für SI: 23, 26 (Urlaub).

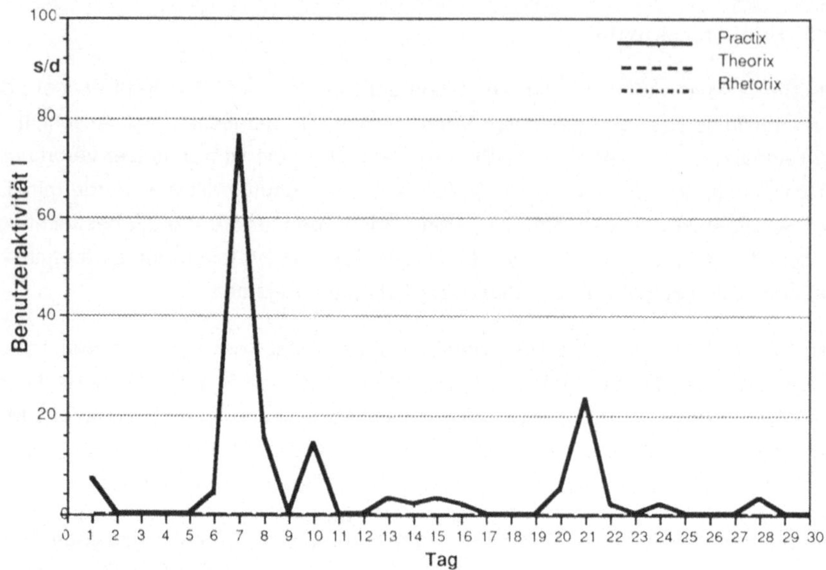

Bild D-19: Zeitlicher Verlauf der Benutzeraktivität für den Benutzer BA

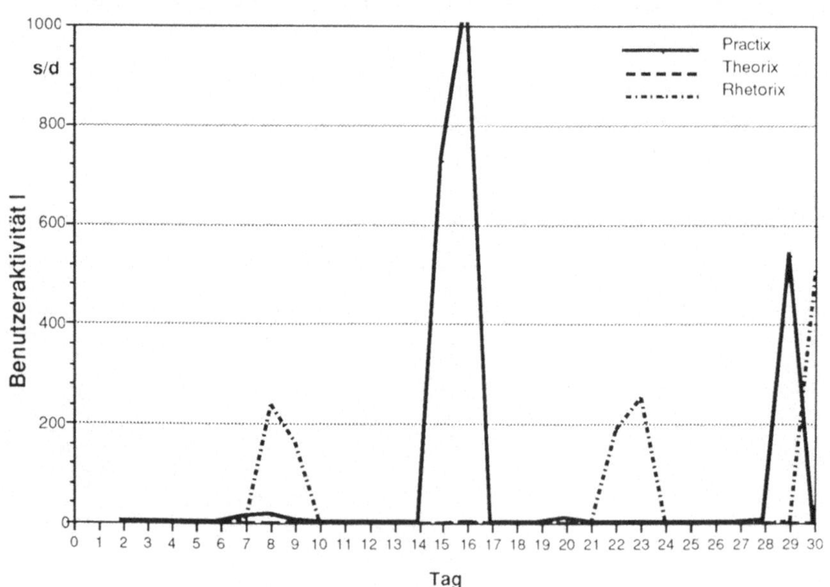

Bild D-20: Zeitlicher Verlauf der Benutzeraktivität für den Benutzer EN

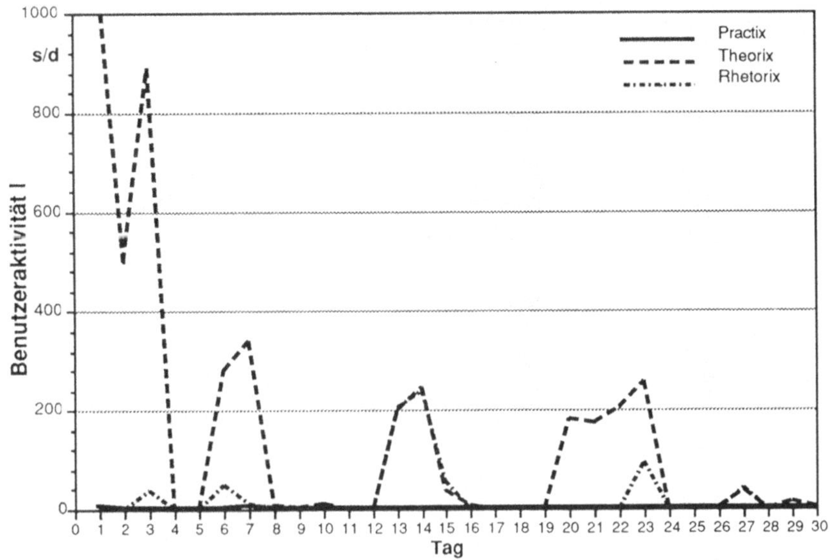

Bild D-21: Zeitlicher Verlauf der Benutzeraktivität für den Benutzer GO

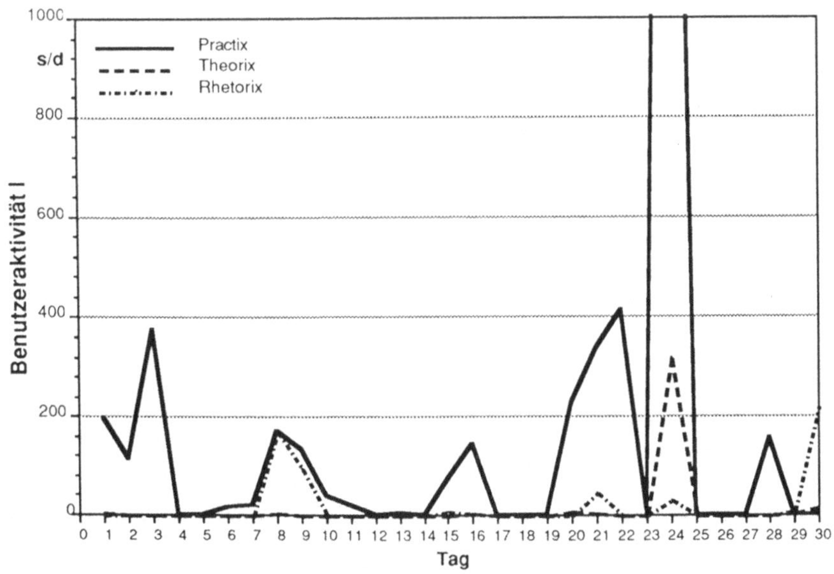

Bild D-22: Zeitlicher Verlauf der Benutzeraktivität für den Benutzer NE

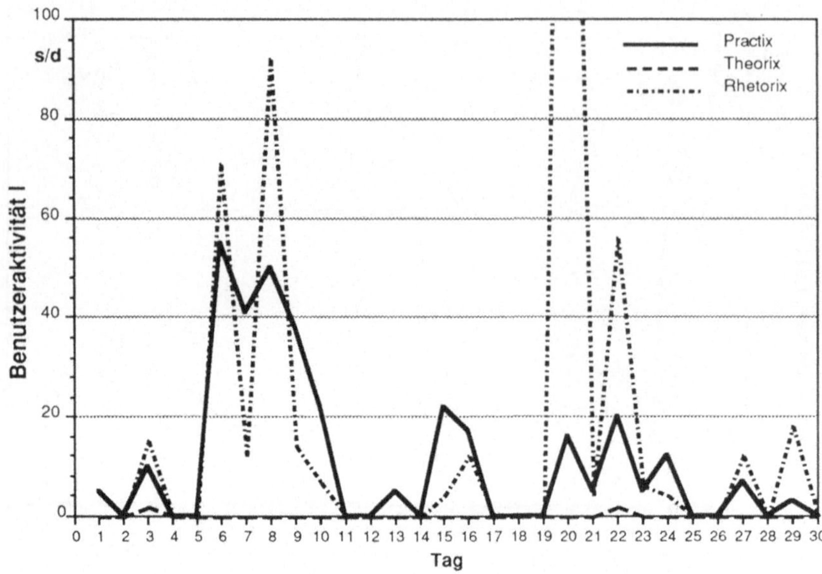

Bild D-23: Zeitlicher Verlauf der Benutzeraktivität für den Benutzer RE

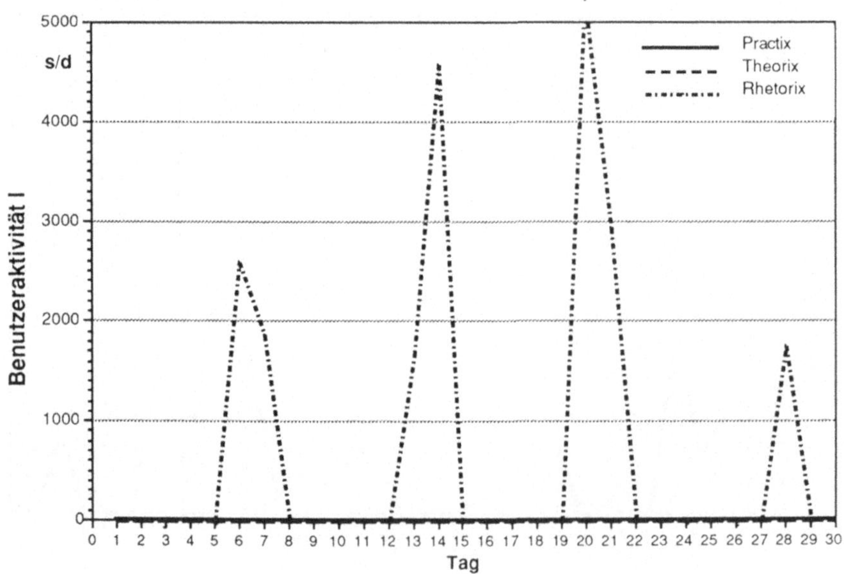

Bild D-24: Zeitlicher Verlauf der Benutzeraktivität für den Benutzer SC

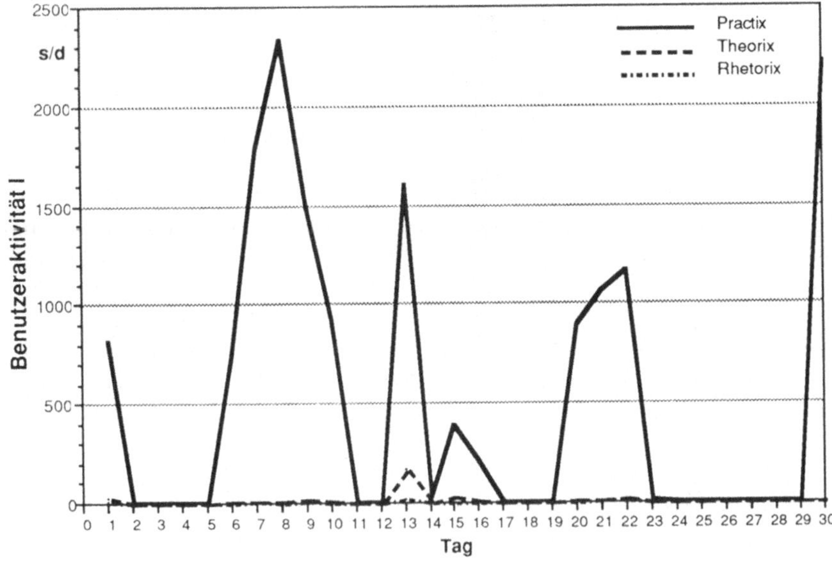

Bild D-25: Zeitlicher Verlauf der Benutzeraktivität für den Benutzer SI

Geschätzte Parameter für die Benutzeraktivität

In den folgenden Tabellen sind die für den zeitlichen Verlauf der Benutzeraktivität l_{ijk} geschätzten Parameter des dynamischen Modells nach Gleichung (9) angegeben. Aus den Zeilen für Tag 1 sind die Startwerte für die Parameterschätzung ersichtlich.

Die Bilder E-1 bis E-3 beziehen sich auf den Benutzer BA. Die Diagonalelemente der Kovarianzmatrix wurden mit 0.0001, 0.01 bzw. 0.01 initialisiert. Der Vergeßfaktor λ betrug 0.98.

Die Bilder E-4 bis E-6 beziehen sich auf den Benutzer EN. Die Diagonalelemente der Kovarianzmatrix wurden mit 0.0001, 0.01 bzw. 0.01 initialisiert. Der Vergeßfaktor λ betrug 0.95. Der Parameter a_1 des Modells für den Rechner Practix nimmt zeitweise positives Vorzeichen an.

Die Bilder E-7 bis E-9 beziehen sich auf den Benutzer GO. Die Diagonalelemente der Kovarianzmatrix wurden mit 0.0001, 0.01 bzw. 0.01 (für Praktix) und 0.0001, 1, 0.01 (für Theorix und Rhetorix) initialisiert. Der Vergeßfaktor λ betrug 0.98 (Practix) bzw. 0.95 (Theorix und Rhetorix).

Die Bilder E-10 bis E-12 beziehen sich auf den Benutzer NE. Die Diagonalelemente der Kovarianzmatrix wurden mit 0.0001, 0.01 bzw. 0.01 initialisiert. Der Vergeßfaktor λ betrug 0.95. Der Parameter a_1 des Modells für Practix (Bild E-10) ist zeitweise positiv.

Die Bilder E-13 bis E-16 beziehen sich auf den Benutzer RE. Die Diagonalelemente der Kovarianzmatrix wurden mit 0.0001, 0.01 bzw. 0.01 initialisiert. Der Vergeßfaktor λ betrug 0.95 (Practix und Theorix) bzw. 0.90 (Rhetorix). Der Parameter a_1 des Modells für Rhetorix (Bild E-16) ist zeitweise positiv.

Die Bilder E-17 bis E-18 beziehen sich auf den Benutzer SC. Die Diagonalelemente der Kovarianzmatrix wurden mit 0.0001, 1 bzw. 0.01 (Rhetorix) und 0.0001, 0.01 bzw. 0.01 (Practix und Theorix) initialisiert. Der Vergeßfaktor λ betrug 0.95.

Die Bilder E-19 bis E-21 beziehen sich auf den Benutzer SI. Die Diagonalelemente der Kovarianzmatrix wurden mit 0.001, 0.1 bzw. 0.01 initialisiert. Der Vergeßfaktor λ betrug 0.98. Der Parameter a_1 des Modells für Practix und Theorix (Bilder E-19 und

E-20) sind zeitweise positiv. Der Parameter b_1 des Modells für Practix ist zeitweise negativ.

Tag	Parameter a_1	Parameter b_1	Parameter d_1
1	-0.5	25	0
2	-0.498339	25	-0.166113
3	-0.498228	25	-0.157152
4	-0.498225	25	-0.156448
5	-0.498225	25	-0.15643
6	-0.498216	13.969	-0.154418
7	-0.512436	19.4965	-2.00909
8	-0.787811	11.1925	-1.4821
9	-0.777481	20.0781	-0.223048
10	-0.779153	20.7785	-0.0655308
11	-0.772183	20.9693	-0.149654
12	-0.77173	20.9553	-0.145114
13	-0.750243	16.2961	-0.118142
14	-0.729205	13.0727	-0.0135284
15	-0.718479	11.2597	0.0398827
16	-0.709146	9.59249	0.0559849
17	-0.708999	9.6026	0.0586955
18	-0.708999	9.60258	0.0586928
19	-0.708999	9.60258	0.0586927
20	-0.706539	8.8942	0.0493443
21	-0.716155	10.3641	0.053967
22	-0.666924	6.89595	-0.0676382
23	-0.665306	6.99025	-0.0458332
24	-0.664668	6.46772	-0.0446298
25	-0.664312	6.48322	-0.0421072
26	-0.66431	6.48334	-0.0420721
27	-0.66431	6.48334	-0.042072
28	-0.664039	6.12453	-0.0453902
29	-0.660945	5.39287	-0.0438075
30	-0.660221	4.94489	-0.0345269

Bild E-1: Zeitlicher Verlauf der geschätzten Parameter für die Aktivität des Benutzers BA auf Rechner Practix

Tag	Parameter a_1	Parameter b_1	Parameter d_1
1	-0.5	0	0
2	-0.5	0	0
3	-0.5	0	0
4	-0.5	0	0
5	-0.5	0	0
6	-0.5	0	0
7	-0.5	0	0
8	-0.5	0	0
9	-0.5	0	0
10	-0.5	0	0
11	-0.5	0	0
12	-0.5	0	0
13	-0.5	0	0
14	-0.5	0	0
15	-0.5	0	0
16	-0.5	0	0
17	-0.5	0	0
18	-0.5	0	0
19	-0.5	0	0
20	-0.5	0	0
21	-0.5	0	0
22	-0.5	0	0
23	-0.5	0	0
24	-0.5	0	0
25	-0.5	0	0
26	-0.5	0	0
27	-0.5	0	0
28	-0.5	0	0
29	-0.5	0	0
30	-0.5	0	0

Bild E-2: Zeitlicher Verlauf der geschätzten Parameter für die Aktivität des Benutzers BA auf Rechner Theorix

Tag	Parameter a_1	Parameter b_1	Parameter d_1
1	-0.5	0	0
2	-0.5	0	0
3	-0.5	0	0
4	-0.5	0	0
5	-0.5	0	0
6	-0.5	0	0
7	-0.5	0	0
8	-0.5	0	0
9	-0.5	0	0
10	-0.5	0	0
11	-0.5	0	0
12	-0.5	0	0
13	-0.5	0	0
14	-0.5	0	0
15	-0.5	0	0
16	-0.5	0	0
17	-0.5	0	0
18	-0.5	0	0
19	-0.5	0	0
20	-0.5	0	0
21	-0.5	0	0
22	-0.5	0	0
23	-0.5	0	0
24	-0.5	0	0
25	-0.5	0	0
26	-0.5	0	0
27	-0.5	0	0
28	-0.5	0	0
29	-0.5	0	0
30	-0.5	0	0

Bild E-3: Zeitlicher Verlauf der geschätzten Parameter für die Aktivität des Benutzers BA auf Rechner Rhetorix

Tag	Parameter a_1	Parameter b_1	Parameter d_1
1	-0.5	100	0
2	-0.495324	100	-0.467562
3	-0.47598	100	-0.442176
4	-0.469118	100	-0.392228
5	-0.46807	100	-0.384601
6	-0.467899	100	-0.383356
7	-0.458194	98.8163	-0.312708
8	-0.28208	98.662	0.785014
9	-0.278521	98.5537	0.810547
10	-0.27164	98.7266	0.865265
11	-0.272595	98.7327	0.864338
12	-0.272043	98.7369	0.863571
13	-0.27161	98.7402	0.862969
14	-0.271271	98.7428	0.862498
15	-0.335921	109.779	0.873547
16	-0.527999	109.731	0.908779
17	0.205923	104.117	1.73664
18	2.82059	184.54	1.16145
19	1.70152	172.477	0.172274
20	1.60162	170.312	0.0723507
21	1.60241	170.345	0.0731026
22	1.63783	167.364	0.0677464
23	1.69625	165.266	0.0919643
24	1.69401	165.215	0.089689
25	1.69397	165.214	0.0896445
26	1.69397	165.214	0.0896441
27	1.69397	165.214	0.0896441
28	1.73655	161.457	0.0821655
29	1.5628	168.905	0.0072579
30	-0.247914	118.128	0.00799015

Bild E-4: Zeitlicher Verlauf der geschätzten Parameter für die Aktivität des Benutzers EN auf Rechner Practix

Tag	Parameter a_1	Parameter b_1	Parameter d_1
1	-0.5	0	0
2	-0.499949	0	-0.00505
3	-0.499949	0	-0.00503715
4	-0.499949	0	-0.00503715
5	-0.499949	0	-0.00503715
6	-0.499949	0	-0.00503715
7	-0.499949	-1.81456e-14	-0.00503715
8	-0.499949	-1.8034e-14	-0.00503715
9	-0.499949	-1.78295e-14	-0.00503715
10	-0.499949	-1.78295e-14	-0.00503715
11	-0.499949	-1.78295e-14	-0.00503715
12	-0.499949	-1.78295e-14	-0.00503715
13	-0.499949	-1.78295e-14	-0.00503715
14	-0.499949	-1.78295e-14	-0.00503715
15	-0.499949	0.0126661	-0.00503715
16	-0.500274	0.0438942	0.0274254
17	-0.499691	0.0439944	-0.0206035
18	-0.49969	0.0439862	-0.0199984
19	-0.49969	0.0439862	-0.0199979
20	-0.49969	0.0433857	-0.0199896
21	-0.49969	0.0433859	-0.0199891
22	-0.49969	0.0427777	-0.0199804
23	-0.49969	0.0421743	-0.0199473
24	-0.49969	0.0421745	-0.0199468
25	-0.49969	0.0421745	-0.0199468
26	-0.49969	0.0421745	-0.0199468
27	-0.49969	0.0421745	-0.0199468
28	-0.49969	0.0415265	-0.019939
29	-0.49969	0.0408851	-0.0199042
30	-0.49969	0.0402501	-0.0198691

Bild E-5: Zeitlicher Verlauf der geschätzten Parameter für die Aktivität des Benutzers EN auf Rechner Theorix

Tag	Parameter a_1	Parameter b_1	Parameter d_1
1	-0.5	150	0
2	-0.495054	150	-0.494632
3	-0.122284	150	-0.121836
4	-0.10011	150	-0.0919811
5	-0.0997728	150	-0.0915271
6	-0.0997694	150	-0.0915225
7	-0.0992214	148.067	-0.0907846
8	-0.256887	148.627	-0.299866
9	-0.19966	148.564	-0.2627
10	-0.134995	148.935	-0.209979
11	-0.131319	148.951	-0.203532
12	-0.13118	148.952	-0.203146
13	-0.131174	148.952	-0.203129
14	-0.131174	148.952	-0.203128
15	-0.134454	146.065	-0.207885
16	-0.0164067	144.687	0.122181
17	-0.0284637	144.58	0.0885047
18	-0.0287375	144.576	0.0877428
19	-0.0287401	144.576	0.0877357
20	-0.0337201	141.037	0.079253
21	-0.039551	140.98	0.0629978
22	-0.0344072	142.297	0.0753777
23	-0.166157	144.271	0.0620124
24	-0.109925	144.598	0.0553551
25	-0.110284	144.592	0.0538097
26	-0.110287	144.592	0.0538003
27	-0.110287	144.592	0.0538003
28	-0.120089	139.696	0.0447761
29	-0.0528544	136.926	0.243404
30	-0.164578	148.892	-0.101264

Bild E-6: Zeitlicher Verlauf der geschätzten Parameter für die Aktivität des Benutzers EN auf Rechner Rhetorix

Tag	Parameter a_1	Parameter b_1	Parameter d_1
1	-0.5	0	0
2	-0.498744	-0.0251257	-0.00125628
3	-0.498744	-0.0249015	-0.00126203
4	-0.498744	-0.0249015	-0.00126203
5	-0.498744	-0.0249015	-0.00126203
6	-0.498744	-0.0246345	-0.0012621
7	-0.498727	0.00806426	-0.00126185
8	-0.498226	-0.008237	-0.00177084
9	-0.498226	-0.00817555	-0.00177184
10	-0.498226	-0.00808464	-0.00177188
11	-0.498226	-0.00808464	-0.00177188
12	-0.498226	-0.00808464	-0.00177188
13	-0.498226	-0.00799018	-0.00177192
14	-0.498226	-0.00789604	-0.00177195
15	-0.498226	-0.00780223	-0.00177198
16	-0.498226	-0.00770878	-0.00177201
17	-0.498226	-0.00770878	-0.00177201
18	-0.498226	-0.00770878	-0.00177201
19	-0.498226	-0.00770878	-0.00177201
20	-0.498226	-0.00760996	-0.00177205
21	-0.498226	-0.00751169	-0.00177208
22	-0.498226	-0.007414	-0.00177211
23	-0.498226	-0.00731689	-0.00177214
24	-0.498226	-0.00731689	-0.00177214
25	-0.498226	-0.00731689	-0.00177214
26	-0.498226	-0.00731689	-0.00177214
27	-0.498226	-0.00721444	-0.00177218
28	-0.498226	-0.00711281	-0.00177221
29	-0.498226	-0.00701201	-0.00177224
30	-0.498226	-0.00691206	-0.00177227

Bild E-7: Zeitlicher Verlauf der geschätzten Parameter für die Aktivität des Benutzers GO auf Rechner Practix

Tag	Parameter a_1	Parameter b_1	Parameter d_1
1	-0.5	300	0
2	-0.496889	300	-0.311096
3	-0.775418	300.023	-0.589629
4	-0.332968	304.724	-0.161702
5	-0.326786	304.122	-0.119872
6	-0.326053	303.641	-0.114656
7	-0.323613	302.878	-0.109907
8	-0.300708	297.124	-0.0643811
9	-0.285853	292.524	0.0559658
10	-0.277834	288.641	0.122721
11	-0.278478	288.685	0.117155
12	-0.278498	288.685	0.116971
13	-0.278161	287.262	0.117365
14	-0.274441	285.624	0.126013
15	-0.260326	279.62	0.154436
16	-0.253284	275.541	0.219935
17	-0.254122	275.641	0.211595
18	-0.254236	275.627	0.210464
19	-0.254241	275.626	0.210411
20	-0.254151	273.557	0.208549
21	-0.247813	270.435	0.223048
22	-0.244314	268.32	0.233051
23	-0.242629	267.261	0.235493
24	-0.239728	267.012	0.238048
25	-0.239596	266.998	0.237317
26	-0.239593	266.999	0.237356
27	-0.239934	260.617	0.231215
28	-0.231737	255.169	0.30219
29	-0.229766	249.864	0.332776
30	-0.227195	243.46	0.353542

Bild E-8: Zeitlicher Verlauf der geschätzten Parameter für die Aktivität des Benutzers GO auf Rechner Theorix

Tag	Parameter a_1	Parameter b_1	Parameter d_1
1	-0.5	25	0
2	-0.489362	24.734	-0.106383
3	-0.490515	24.7971	-0.267274
4	-0.430688	24.8357	-0.29525
5	-0.425497	24.8435	-0.257199
6	-0.424912	25.1075	-0.389178
7	-0.333838	24.9002	-0.624702
8	-0.166295	24.8167	-0.331132
9	-0.141421	24.7646	0.163391
10	-0.140537	24.5828	0.24909
11	-0.140612	24.5916	0.243102
12	-0.140651	24.5891	0.241378
13	-0.130571	27.5957	0.217455
14	-0.403274	28.3371	0.644025
15	0.128458	26.9187	1.08827
16	-0.127573	28.5018	0.457693
17	-0.45284	25.1816	0.217026
18	-0.458429	25.1485	0.21275
19	-0.458792	25.1464	0.212473
20	-0.455719	24.7557	0.212415
21	-0.450241	24.2645	0.21338
22	-0.446109	23.8131	0.21377
23	-0.461968	25.5698	0.212527
24	-0.423455	24.52	0.22077
25	-0.425093	24.4552	0.218473
26	-0.425455	24.4527	0.218192
27	-0.428063	24.825	0.21839
28	-0.402975	23.2788	0.22272
29	-0.39928	22.9645	0.224058
30	-0.39575	22.3508	0.223188

Bild E-9: Zeitlicher Verlauf der geschätzten Parameter für die Aktivität des Benutzers GO auf Rechner Rhetorix

Tag	Parameter a_1	Parameter b_1	Parameter d_1
1	-0.5	125	0
2	-0.494457	124.997	-0.554297
3	-0.99868	125.098	-1.05855
4	-0.365073	126.785	-0.475668
5	-0.4619	125.348	-0.244085
6	-0.46341	123.312	0.096247
7	-0.472205	122.094	0.223058
8	-0.46928	123.019	0.180193
9	-0.598564	119.878	0.084375
10	-0.837906	114.444	0.201502
11	-0.833685	114.476	0.17737
12	-0.837035	114.396	0.168239
13	-0.809519	113.044	0.190324
14	-0.798112	111.797	0.274873
15	-0.795156	111.598	0.281632
16	-0.817742	110.744	0.275069
17	-1.28042	103.183	0.264058
18	-1.30759	102.561	0.231991
19	-1.30627	102.555	0.228254
20	-1.3736	104.194	0.213045
21	0.978685	151.084	0.877263
22	-0.714218	117.496	0.156686
23	0.0561573	130.881	-0.0585858
24	-6.53247	-11.8553	-3.39701
25	-2.16736	117.015	-2.30003
26	17.1467	772.207	0.0553987
27	17.1242	771.419	0.0448202
28	16.245	723.215	0.00705098
29	10.9805	586.542	-0.0489242
30	10.7343	565.19	-0.0918878

Bild E-10: Zeitlicher Verlauf der geschätzten Parameter für die Aktivität des Benutzers NE auf Rechner Practix

Tag	Parameter a_1	Parameter b_1	Parameter d_1
1	-0.5	5	0
2	-0.498802	4.93409	-0.119832
3	-0.498598	4.88492	0.131892
4	-0.498605	4.88502	0.107377
5	-0.498605	4.88498	0.106586
6	-0.498619	4.81821	0.110805
7	-0.498594	4.76749	0.248493
8	-0.498593	4.75722	0.261773
9	-0.496373	4.65674	0.239307
10	-0.496209	4.61083	0.355322
11	-0.496132	4.61386	0.336895
12	-0.496137	4.61157	0.328201
13	-0.496191	4.53835	0.348457
14	-0.496202	4.49351	0.422909
15	-0.496264	4.41427	0.435259
16	-0.496233	4.45889	0.416378
17	-0.492766	4.39895	0.333579
18	-0.492506	4.38762	0.304606
19	-0.492537	4.38574	0.299828
20	-0.492507	4.42233	0.296614
21	-0.48704	4.28981	0.235762
22	-0.482654	4.19982	0.371992
23	-0.483473	4.15561	0.416543
24	-0.445912	11.9149	1.53025
25	-0.375389	10.908	-0.375414
26	0.137992	11.0302	-0.00816555
27	0.162065	10.2232	-0.0825024
28	0.163506	9.88734	-0.0912887
29	0.162984	9.6474	-0.0935591
30	0.165401	9.80129	-0.0928343

Bild E-11: Zeitlicher Verlauf der geschätzten Parameter für die Aktivität des Benutzers NE auf Rechner Theorix

Tag	Parameter a_1	Parameter b_1	Parameter d_1
1	-0.5	30	0
2	-0.5	29.6875	0
3	-0.5	29.6579	0.898495
4	-0.5	29.8907	0.833656
5	-0.5	29.7144	0.328095
6	-0.5	29.3398	0.171717
7	-0.5	28.8252	0.0454824
8	-0.5	32.3549	1.20778
9	-1.77981	29.6684	-2.01396
10	-0.0271498	31.9461	0.0922766
11	-0.0490361	31.9664	0.000903773
12	-0.0490449	31.9664	0.000868052
13	-0.0481976	31.4421	0.000937054
14	-0.0439094	30.9153	0.0150288
15	-0.0405877	30.4911	0.0258405
16	-0.0366785	30.034	0.0349767
17	-0.0367702	30.0341	0.0346936
18	-0.0367704	30.0341	0.0346929
19	-0.0367704	30.0341	0.0346929
20	-0.0359622	29.3797	0.0338668
21	-0.0387183	29.7452	0.0248556
22	-0.0267696	28.9492	0.0193924
23	-0.0221344	28.3392	0.0363229
24	-0.0228763	28.4475	0.0339761
25	-0.0225811	28.4461	0.0340183
26	-0.0225809	28.4461	0.0340177
27	-0.0222933	27.6612	0.0316914
28	-0.017268	26.9568	0.0490554
29	-0.0144491	26.5021	0.05853
30	-0.0589534	32.1883	-0.00920014

Bild E-12: Zeitlicher Verlauf der geschätzten Parameter für die Aktivität des Benutzers NE auf Rechner Rhetorix

Tag	Parameter a_1	Parameter b_1	Parameter d_1
1	-0.5	20	0
2	-0.49896	20	-0.10395
3	-0.497957	19.8922	0.0652589
4	-0.494871	19.8949	0.266003
5	-0.494435	19.8946	0.257158
6	-0.497761	20.3396	0.657473
7	-0.46427	20.2575	-0.0297453
8	-0.503341	20.361	-0.177533
9	-0.479794	20.3478	-0.184486
10	-0.425408	20.2709	-0.132729
11	-0.405468	20.3168	-0.0279524
12	-0.405482	20.3162	-0.0260447
13	-0.408585	20.0502	-0.0185826
14	-0.408029	20.0474	-0.0019033
15	-0.407567	20.0846	-0.00446637
16	-0.388635	19.9205	-0.0167521
17	-0.380011	19.9371	0.0228098
18	-0.379988	19.9373	0.022278
19	-0.379988	19.9373	0.0222774
20	-0.381147	19.8452	0.0231658
21	-0.356112	19.425	0.0691456
22	-0.356029	19.4304	0.0667474
23	-0.317902	19.0038	0.0384249
24	-0.320096	18.8557	0.110212
25	-0.316477	18.8663	0.116866
26	-0.316401	18.8663	0.116503
27	-0.321709	18.5058	0.108235
28	-0.318763	18.0202	0.212753
29	-0.330286	17.7354	0.289711
30	-0.330758	17.7439	0.28478

Bild E-13: Zeitlicher Verlauf der geschätzten Parameter für die Aktivität des Benutzers RE auf Rechner Practix

Tag	Parameter a_1	Parameter b_1	Parameter d_1
1	-0.5	1	0
2	-0.5	1	0
3	-0.5	1.01096	0
4	-0.49977	1.01096	-0.0115237
5	-0.49977	1.01096	-0.0113871
6	-0.49977	0.9982	-0.0110983
7	-0.499767	0.985288	0.00211008
8	-0.499764	0.972227	0.0152371
9	-0.499761	0.959009	0.027799
10	-0.499758	0.945628	0.0398158
11	-0.499758	0.945623	0.0393086
12	-0.499758	0.945623	0.0393069
13	-0.499758	0.929708	0.0384952
14	-0.499758	0.9297	0.0378912
15	-0.499758	0.912588	0.0357532
16	-0.499755	0.896429	0.0502979
17	-0.499755	0.896422	0.0495677
18	-0.499755	0.896422	0.0495637
19	-0.499755	0.896422	0.0495637
20	-0.499755	0.876069	0.0481377
21	-0.499751	0.857235	0.0642764
22	-0.499756	0.885383	0.0443921
23	-0.498655	0.831511	-0.0195577
24	-0.498618	0.814679	0.0185556
25	-0.498618	0.814647	0.0182176
26	-0.498618	0.814647	0.0182174
27	-0.498636	0.79128	0.0156458
28	-0.498635	0.770453	0.0309703
29	-0.498636	0.749802	0.0443992
30	-0.498637	0.749735	0.043669

Bild E-14: Zeitlicher Verlauf der geschätzten Parameter für die Aktivität des Benutzers RE auf Rechner Theorix

Tag	Parameter a_1	Parameter b_1	Parameter d_1
1	-0.3	20	0
2	-0.3	20	0
3	-0.3	19.4505	0
4	-0.29326	19.4505	0.224663
5	-0.292497	19.4505	0.191119
6	-0.300212	26.0555	1.11504
7	-0.250661	25.6278	-0.558354
8	-0.279238	26.1571	-0.662673
9	-0.0677297	25.7466	-0.320845
10	-0.174792	22.8873	-0.35242
11	-0.244754	22.6188	-0.305809
12	-0.257353	22.4287	-0.293809
13	-0.311375	17.9518	-0.211937
14	-0.331552	17.8725	-0.192036
15	-0.367816	15.0755	-0.138473
16	-0.38971	14.0678	-0.116457
17	-0.406365	14.122	-0.122209
18	-0.407472	14.1155	-0.121441
19	-0.407501	14.1153	-0.121412
20	-0.372549	58.4003	-0.489491
21	-0.345634	58.6353	-0.603546
22	-0.623204	57.1625	-0.966042
23	1.3493	63.6133	1.24573
24	1.15675	83.8472	0.938493
25	0.409494	77.0586	0.104128
26	0.292009	75.8856	-0.0269767
27	0.0521479	65.8835	-0.291939
28	0.726011	68.0754	0.453418
29	0.758542	66.924	0.492138
30	0.818643	69.6696	0.569824

Bild E-15: Zeitlicher Verlauf der geschätzten Parameter für die Aktivität des Benutzers RE auf Rechner Rhetorix

Tag	Parameter a_1	Parameter b_1	Parameter d_1
1	-0.5	0	0
2	-0.5	0	0
3	-0.5	0	0
4	-0.5	0	0
5	-0.5	0	0
6	-0.5	0.0378618	0
7	-0.500166	0.0432617	0.0165888
8	-0.499892	0.0432492	0.0113318
9	-0.499892	0.0432552	0.0111786
10	-0.499892	0.0426014	0.0111885
11	-0.499892	0.0426015	0.0111882
12	-0.499892	0.0426015	0.0111882
13	-0.499861	0.128304	0.00809016
14	-0.499464	0.121305	-0.0309877
15	-0.498977	0.121093	-0.0241818
16	-0.498967	0.118038	-0.0219839
17	-0.498967	0.118039	-0.0219765
18	-0.498967	0.118039	-0.0219765
19	-0.498967	0.118039	-0.0219765
20	-0.498879	0.208952	-0.0283798
21	-0.499382	0.221166	0.01745
22	-0.498282	0.22408	-9.66861e-05
23	-0.498282	0.224079	-9.3435e-05
24	-0.49829	0.217878	0.000541354
25	-0.49829	0.217878	0.000540913
26	-0.49829	0.217878	0.000540913
27	-0.49829	0.217878	0.000540913
28	-0.498255	0.243577	-0.00208364
29	-0.49813	0.244991	-0.00962882
30	-0.498129	0.244982	-0.00958059

Bild E-16: Zeitlicher Verlauf der geschätzten Parameter für die Aktivität des Benutzers SC auf Rechner Practix

Tag	Parameter a_1	Parameter b_1	Parameter d_1
1	-0.5	0	0
2	-0.5	0	0
3	-0.5	0	0
4	-0.5	0	0
5	-0.5	0	0
6	-0.5	0.0378618	0
7	-0.500166	0.0432617	0.0165888
8	-0.499892	0.0432492	0.0113318
9	-0.499892	0.0432552	0.0111786
10	-0.499892	0.0426014	0.0111885
11	-0.499892	0.0426015	0.0111882
12	-0.499892	0.0426015	0.0111882
13	-0.49988	0.0764404	0.00996496
14	-0.500162	0.090715	0.0373621
15	-0.49979	0.0910693	0.0230894
16	-0.499789	0.0896999	0.024374
17	-0.499789	0.0897008	0.0243727
18	-0.499789	0.0897008	0.0243727
19	-0.499789	0.0897008	0.0243727
20	-0.499758	0.134213	0.0223327
21	-0.500084	0.15131	0.0532372
22	-0.49957	0.151528	0.0372436
23	-0.499573	0.151617	0.0363164
24	-0.499579	0.147467	0.0363845
25	-0.499579	0.147475	0.0363629
26	-0.499579	0.147475	0.0363628
27	-0.499579	0.147475	0.0363628
28	-0.499584	0.142694	0.0367539
29	-0.499584	0.142703	0.0367293
30	-0.499584	0.142703	0.0367292

Bild E-17: Zeitlicher Verlauf der geschätzten Parameter für die Aktivität des Benutzers SC auf Rechner Theorix

Tag	Parameter a_1	Parameter b_1	Parameter d_1
1	-0.5	1500	0
2	-0.5	1500	0
3	-0.5	1483.58	0
4	-0.5	1483.58	0.000667531
5	-0.5	1483.58	0.000667531
6	-0.5	1497.59	0.000668254
7	-0.143356	1497.58	-0.000390833
8	-0.08443	1498.43	0.0790986
9	-0.0842024	1498.45	0.0780392
10	-0.0912147	1475.85	0.0646388
11	-0.0938837	1476.21	0.0382323
12	-0.0938947	1476.21	0.0381237
13	-0.093127	1479.57	0.0374604
14	-0.572095	1503.7	0.0437371
15	-0.315765	1524.83	-0.287181
16	-0.0557379	1512.62	0.158336
17	-0.0719645	1511.24	0.114265
18	-0.0726665	1511.13	0.112377
19	-0.0726773	1511.13	0.112348
20	-0.0518301	1599.88	0.131128
21	-0.0920323	1603.58	0.16652
22	-0.0633326	1606.68	0.193975
23	-0.0629771	1606.84	0.193005
24	-0.0827644	1560.57	0.170503
25	-0.0980694	1560.58	0.140482
26	-0.098774	1560.52	0.139122
27	-0.0987897	1560.52	0.139092
28	-0.097218	1566.96	0.139902
29	-0.0834153	1568.48	0.149925
30	-0.0833159	1568.52	0.149686

Bild E-18: Zeitlicher Verlauf der geschätzten Parameter für die Aktivität des Benutzers SC auf Rechner Rhetorix

Tag	Parameter a_1	Parameter b_1	Parameter d_1
1	-0.5	900	0
2	-0.250186	900	-0.249814
3	0.853685	355.549	0.854057
4	0.013547	25.1283	0.00919425
5	0.00442535	21.4236	5.97056e-05
6	-0.00502525	380.677	-0.131451
7	-0.896053	597.331	-0.264807
8	-1.11314	562.136	-0.23315
9	1.69406	715.719	3.97081
10	-3.89136	-4856.08	-0.984947
11	-3.45558	-4708.4	-0.362491
12	-3.14064	-4488.73	-0.00663747
13	-0.660728	-4772.39	4.27455
14	-0.502106	2605.77	-0.685576
15	-0.462117	1654.62	0.0565242
16	-0.462086	1608.24	0.0899155
17	-0.462382	1607.92	0.0887356
18	-0.462365	1607.94	0.088739
19	-0.462365	1607.94	0.0887389
20	-0.611828	1265.09	0.0910066
21	-0.636356	1089.59	0.116304
22	-0.648963	984.328	0.13028
23	-0.673206	711.267	0.160992
24	-0.666116	725.392	0.148404
25	-0.666662	724.903	0.147684
26	-0.666674	724.892	0.147667
27	-0.666674	724.892	0.147667
28	-0.781937	533.76	0.134259
29	-0.837823	435.604	0.136251
30	-0.633265	780.484	0.151964

Bild E-19: Zeitlicher Verlauf der geschätzten Parameter für die Aktivität des Benutzers SI auf Rechner Practix

Tag	Parameter a_1	Parameter b_1	Parameter d_1
1	-0.5	20	0
2	-0.334424	20	-0.165576
3	-0.260437	9.22444	-0.0725421
4	-0.251005	9.39695	-0.0530716
5	-0.250948	9.39762	-0.0529514
6	-0.258607	7.81405	-0.0605066
7	-0.257855	7.72324	-0.0600439
8	-0.241574	6.73635	-0.058526
9	-0.25159	7.86484	-0.0680087
10	-0.241953	7.58075	-0.07184
11	-0.225328	7.722	-0.0638252
12	-0.225186	7.72322	-0.0636088
13	0.347288	35.6261	0.236135
14	0.395357	35.6788	0.199855
15	0.397226	34.6707	0.216023
16	0.505547	33.8468	0.325258
17	0.481535	33.893	0.297879
18	0.467892	33.7596	0.284124
19	0.46668	33.7479	0.282886
20	0.375759	30.7393	0.205897
21	0.467521	30.1451	0.305616
22	0.459676	29.5002	0.301589
23	0.466717	27.8223	0.312044
24	0.451327	27.7853	0.293852
25	0.444632	27.7107	0.287038
26	0.44406	27.7043	0.286455
27	0.444012	27.7038	0.286406
28	0.346167	24.7864	0.203109
29	0.410783	24.0833	0.281564
30	0.384846	22.524	0.26649

Bild E-20: Zeitlicher Verlauf der geschätzten Parameter für die Aktivität des Benutzers SI auf Rechner Theorix

Tag	Parameter a_1	Parameter b_1	Parameter d_1
1	-0.5	5	0
2	-0.435888	5	-0.0641123
3	-0.431939	2.2824	-0.0503971
4	-0.431727	2.29358	-0.0489705
5	-0.431726	2.2936	-0.048964
6	-0.431872	2.18926	-0.0494476
7	-0.444215	4.97254	-0.0407308
8	-0.377967	3.4315	-0.0965918
9	-0.379518	3.58742	-0.102621
10	-0.373031	3.20023	-0.101871
11	-0.366966	3.24984	-0.0973984
12	-0.366882	3.25022	-0.0971853
13	-0.31951	5.65341	-0.0878389
14	-0.239777	4.93192	-0.162369
15	-0.235567	4.56634	-0.139984
16	-0.234572	4.28784	-0.12941
17	-0.229617	4.32805	-0.125339
18	-0.229516	4.32851	-0.125166
19	-0.229515	4.32852	-0.125162
20	-0.230865	4.28494	-0.125526
21	-0.232493	4.71832	-0.127628
22	-0.249269	4.94478	-0.120877
23	-0.213811	4.55684	-0.128355
24	-0.210269	4.58227	-0.122552
25	-0.210208	4.58244	-0.122374
26	-0.210207	4.58244	-0.122371
27	-0.210207	4.58244	-0.122371
28	-0.232239	4.03911	-0.12617
29	-0.243578	3.61905	-0.110441
30	-0.248208	3.43716	-0.102714

Bild E-21: Zeitlicher Verlauf der geschätzten Parameter für die Aktivität des Benutzers SI auf Rechner Rhetorix

Anhang F:

Protokolle der Systembeobachtung und der Systemmodifikation

SBBP (Systembeobachtung Berichtsprotokoll)

Sender:	Sensor oder SOC (Statistikberichtskomponente)	
Empfänger:	SOC (Kollektor- und Speicherkomponente)	
Struktur:	Empfänger:	Zeichenkette (Objekt - ID);
	Informationstyp:	Zeichenkette (Typ - ID);
	Ursprungsobjekt:	Zeichenkette (Objekt - ID);
	Wert:	typabhängige Datenstruktur;
	Zeitstempel:	langer Integer (Systemzeit);
Rückmeldung:	Erfolg:	ja oder nein;

SBAP (Systembeobachtung Abfrageprotokoll)

Sender:	Managementwerkzeuge oder	
	SOC (Statistikberichtskomponente, Alarmkomponente)	
Empfänger:	SOC (Kollektor- und Speicherkomponente)	
Struktur:	Empfänger:	Zeichenkette (Objekt - ID);
	Informationstyp:	Zeichenkette (Typ - ID);
	betr. Objekt:	Zeichenkette (Objekt - ID);
	Frage:	Zeichenkette (Frage - ID)
	Zeitstempel:	langer Integer (Systemzeit);
Rückmeldung:	Antwort:	typenabhängige Datenstruktur;

SBMP (Systembeobachtung Managementprotokoll)

Sender:	SOC (Effektorsteuerkomponente)	
Empfänger:	SOC (alle Komponenten), Sensor	
Struktur:	Empfänger:	Zeichenkette (Objekt - ID);
	Informationstyp:	Zeichenkette (Typ - ID);
	betr. Objekt:	Zeichenkette (Objekt - ID);
	Aktion:	Init oder Remove (bei SOC),
		Recipient, ReportTime, Report (bei Sensor);
	Zeitstempel:	langer Integer (Systemzeit);
Rückmeldung:	Erfolg:	ja oder nein;

SMAP (Systemmodifikation Auftragsprotokoll)

Sender:	Managementwerkzeug oder SCC (Auftragsausgangskomponente)	
Empfänger:	SCC (Auftragseingangskomponente), Effektor	
Struktur:	Empfänger:	Zeichenkette (Objekt - ID);
	Operationstyp:	Zeichenkette (Typ - ID);
	Zielobjekt:	Zeichenkette (Objekt - ID);
	Argument:	typabhängige Datenstruktur;
	Zeitstempel:	langer Integer (Systemzeit);
Rückmeldung:	Erfolg:	ja oder Fehlermeldung;

SMMP (Systemmodifikation Managementprotokoll)

Sender:	SCC (Effektorsteuerkomponente)	
Empfänger:	SCC (Operationsausführungskomponente)	
Struktur:	Empfänger:	Zeichenkette (Objekt - ID);
	Operationstyp:	Zeichenkette (Typ - ID);
	Zielobjekt:	Zeichenkette (Objekt - ID);
	Argument:	typabhängige Datenstruktur;
	Zeitstempel:	langer Integer (Systemzeit);
Rückmeldung:	Erfolg:	ja oder Fehlermeldung;